# PRAKTISCHE ÜBUNGEN

## ZUR

# VERERBUNGSLEHRE

## FÜR STUDIERENDE · ÄRZTE UND LEHRER

VON

## PROFESSOR DR. GÜNTHER JUST

DIREKTOR DES INSTITUTS FÜR MENSCHLICHE ERBLEHRE UND EUGENIK
AN DER UNIVERSITÄT GREIFSWALD

ZWEITE VERMEHRTE UND VERBESSERTE
AUFLAGE

ERSTER TEIL

## ALLGEMEINE VERERBUNGSLEHRE

MIT 55 ABBILDUNGEN

BERLIN
VERLAG VON JULIUS SPRINGER
1935

ISBN-13: 978-3-642-98520-1     e-ISBN-13: 978-3-642-99334-3
DOI: 10.1007/ 978-3-642-99334-3

# Vorwort zur zweiten Auflage.

Die „Praktischen Übungen zur Vererbungslehre" waren viele Monate vergriffen. Dringende Arbeiten anderer Art hinderten den Verfasser, die neue Auflage früher hinausgehen zu lassen.

Das kleine Buch, dessen erster Teil nunmehr in zweiter völlig umgearbeiteter und stark erweiterter Auflage vorliegt, will den Anfänger auf dem Gebiete der Erbbiologie mit den wichtigsten Methoden der exakten Forschung durch eigene praktische Arbeit vertraut werden lassen und ihm zugleich für seine erste selbständige Weiterarbeit das notwendigste Rüstzeug an die Hand geben. Das Büchlein ist also eine Einführung. Speziellere Gegenstände, die dem Fortgeschritteneren vor allem beim Nachschlagen erwünscht sein dürften, sind in Anhängen zu den eigentlichen Übungen gebracht. Bei der ersten Durcharbeitung des Buches kann man also alle diese Anhänge ohne Gefahr für das Verständnis des folgenden überschlagen.

Das Buch stellt auch nicht etwa eine Zusammenfassung der Grundtatsachen über Variation und Vererbung dar; es wendet sich vielmehr an solche, die diese Tatsachen entweder bereits kennen oder sich doch gleichzeitig mit ihnen bekannt machen. Wo solche elementaren Tatsachen in den Übungen zur Sprache kommen, geschieht es im Sinne einer Herausarbeitung der für das methodische Verständnis notwendigen experimentellen Voraussetzungen oder gedanklichen Zusammenhänge.

Der vorliegende erste Teil des Buches, dessen zweiter, die Methoden der menschlichen Erblehre behandelnder in Bälde folgen wird, ist an Umfang gegenüber der ersten Auflage um mehr als das Doppelte gewachsen. Wenn das im Herbst 1923 erstmalig erschienene Buch damals die Aufgabe hatte, überhaupt erst einmal zur Durchführung solcher praktischen erbbiologischen Übungen an Universitäten und höheren Schulen anzuregen — eine Anregung, die auf fruchtbaren Boden gefallen ist, wovon außer literarischen Zeugnissen auch zahlreiche Zuschriften zeugen —, so hat die zweite Auflage, die in einer Zeit höchster allgemeiner Anerkennung für die Bedeutung erbbiologischer Unterweisung erscheinen kann, die Aufgabe, denen, in deren Händen diese Unterweisung liegt, Lehrern, Ärzten und Studierenden, ein entsprechend erweitertes Arbeitsmaterial und -werkzeug in die Hand zu geben.

Dabei war der Verfasser bemüht, dem Buche seinen elementaren Charakter zu belassen. Vor allem ist auch diesmal wieder das Buch in einer gewissen Breite geschrieben. Jeder Unterrichtserfahrene weiß, daß einführende Belehrung nie ausführlich genug sein kann. Wenn also manchem Leser gar zu viele Selbstverständlichkeiten ausdrücklich gesagt zu sein scheinen, so wird ein anderer um so dankbarer sein, daß ihm diese Dinge mitgeteilt werden, die zwar „eigentlich" jeder wissen müßte, die aber erfahrungsgemäß mancher eben doch nicht weiß.

Der Stoff des vorliegenden ersten Teils zerfällt in 25 Übungen, von denen weitaus die meisten gar keine oder recht geringe Kosten erfordern. Für jede Übung ist eine Arbeitszeit von 1 ½ bis 2 Stunden gedacht. Natürlich kommt aber viel darauf an, in was für einem Kursistenkreise die Durcharbeitung des Stoffes erfolgt. Ebenso muß die Auswahl von Übungen für Zwecke des biologischen Unterrichts an höheren Schulen dem Ermessen des einzelnen Lehrers anheimgestellt bleiben, da ja auch hier im einzelnen durchaus verschiedene Vorbedingungen bestehen.

Der Verlagsbuchhandlung hat der Verfasser für die gewohnte Sorgfalt bei der Herstellung des Buches zu danken, seinem Assistenten, Herrn Dr. FRITZ STEINIGER, für viele Unterstützung bei der Herstellung der Abbildungen.

Möge es der Neuauflage meines Buches beschieden sein, der Aufgabe zu dienen, die ihm heute gestellt ist: denen, an die es sich wendet, jenen Teil des Rüstzeuges zu liefern, der sie instandsetzt, ihre für unser ganzes Volk so wichtige Arbeit auf erbbiologischem Gebiete nicht nur mit einem Herzen voll Begeisterung, sondern auch mit derjenigen Sachkenntnis zu tun, die dem Ernst und der Größe des Gegenstandes entspricht.

Greifswald, im Januar 1935.

GÜNTHER JUST.

# Inhaltsverzeichnis.

# I. Phänanalyse.

## Übung 1.

### Kontinuierliche Variabilität.

*Material und Aufgabe für Übung 1—3.*

Jeder Kursteilnehmer erhält 100 Bohnen. Es empfiehlt sich, nicht die Samen der Gemüsebohne (*Phaseolus vulgaris*), sondern die größeren Samen der Feuerbohne (*Phaseolus multiflorus*) zu benutzen.

Die typische Länge und die typische Dicke dieser Feuerbohnen ist festzustellen.

*Technik.*

Bohne für Bohne wird mittels einer Schublehre, z. B. einer für Kurszwecke völlig ausreichenden Holzschublehre (Abb. 1 *a*), sorgfältig gemessen und die einzelnen Werte notiert.

Zweckmäßig arbeiten je zwei Praktikanten in der Weise zusammen, daß der eine nur mißt, der andere protokolliert; sind die ersten hundert Bohnen gemessen, so wechseln beide mit der Arbeit.

*Buchungstabelle.*

| Bohne Nr. | Länge | Dicke |
|-----------|-------|-------|
| 1 | | |
| 2 | | |
| 3 | | |

Um die Messung nicht unnötig zu komplizieren, empfiehlt es sich für die Kursarbeit, mit einem Spielraum von 1 mm zu arbeiten. Zweckmäßigerweise bucht man dabei alle Exemplare, die beispielsweise 13,0, 13,1 usw. bis 13,9 mm lang sind, als 13, und bezeichnet erst dann, wenn beim Messen eben der Teilstrich 14 erscheint, die betreffende Bohne als 14 mm lang. Bei dieser Art der Ablesung, die die Bruchteile der mm unberücksichtigt läßt, kann man sich kaum irren.

Hat man Schublehren mit Nonius (Abb. 1 *b*) zur Verfügung, so kann man der Übung halber auf Zehntelmillimeter genau ablesen.

*Tabellarische Darstellung.*

Ein anschauliches Bild der Größenverschiedenheiten, die sich bei den 100 Bohnen finden, entsteht, wenn gleich beim Messen die Bohnen, eine über die andere, zu Gruppen gleicher Länge zusammengelegt werden.

Nach Beendigung der Messung fertigt jeder Teilnehmer für die Bohnenlängen und für die Bohnendicken je zwei Übersichtstabellen an, die die 100 Bohnen nach ansteigenden Größenklassen geordnet zeigen.

Und zwar werden in die erste Tabelle die *für* jede Größenklasse gefundenen Bohnenzahlen eingetragen; so entsteht folgende

Tab. 1. *Variationsreihe:*

| Länge | 12 | 13 | 14 | 15 | 16 | 17 | 18 | 19 | 20 | 21 | 22 | 23 | 24 | 25 | 26 mm | |
|---|---|---|---|---|---|---|---|---|---|---|---|---|---|---|---|---|
| **Anzahl der Bohnen:** | | | | | | | | | | | | | | | | |
| 1. Praktikant . . | 1 | 1 | 3 | 9 | 10 | 16 | 23 | 18 | 11 | 7 | 0 | 0 | 0 | 1 | | 100 |
| 2. Praktikant . . | 0 | 1 | 5 | 7 | 7 | 20 | 28 | 17 | 5 | 6 | 3 | 1 | 0 | 0 | | 100 |

In die zweite Tabelle wird eingetragen, wieviel Bohnen sich insgesamt *bis zu* dem betreffenden Größenwerte finden; diese Zahlen ergeben

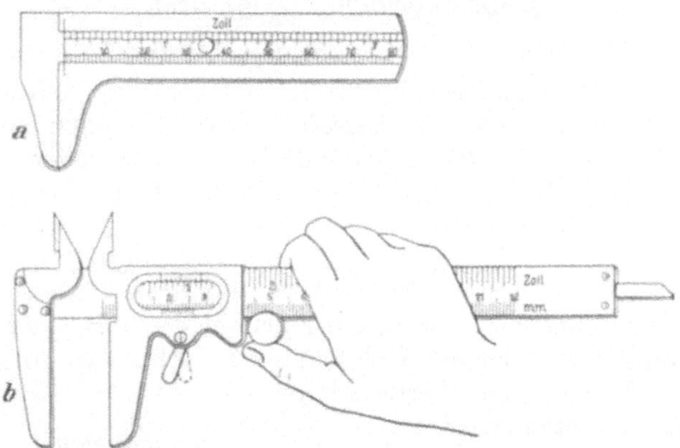

Abb. 1. Schublehre. *a* Einfaches Kursmodell aus Buchsbaum,
*b* Helios-Schublehre mit Nonius und Feststellhebel.
(Meßwerkzeugfabrik Werdau/Sa.).

sich natürlich durch fortschreitende Aufaddierung der Bohnenzahlen der ersten Tabelle von links nach rechts. So entsteht folgende

Tab. 2. *Aufzählungsreihe:*

| Länge bis | 12 | 13 | 14 | 15 | 16 | 17 | 18 | 19 | 20 | 21 | 22 | 23 | 24 | 25 | 26 mm |
|---|---|---|---|---|---|---|---|---|---|---|---|---|---|---|---|
| Anzahl der Bohnen. | 1 | 2 | 5 | 14 | 24 | 40 | 63 | 81 | 92 | 99 | 99 | 99 | 99 | 100 | |

Schließlich werden die von sämtlichen Teilnehmern gefundenen Zahlen zu entsprechenden Gesamttabellen zusammengeworfen.

Tab. 3. *Variationsreihe:*

| Länge | 12 | 13 | 14 | 15 | 16 | 17 | 18 | 19 | 20 | 21 | 22 | 23 | 24 | 25 | 26 mm | zus. |
|---|---|---|---|---|---|---|---|---|---|---|---|---|---|---|---|---|
| Anzahl der Bohnen . | 5 | 20 | 49 | 95 | 130 | 192 | 192 | 153 | 95 | 49 | 13 | 3 | 2 | 2 | | 1000 |

Tab. 4. *Aufzählungsreihe:*

| Länge bis | 12 | 13 | 14 | 15 | 16 | 17 | 18 | 19 | 20 | 21 | 22 | 23 | 24 | 25 | 26 mm |
|---|---|---|---|---|---|---|---|---|---|---|---|---|---|---|---|
| Anzahl der Bohnen | 5 | 25 | 74 | 169 | 299 | 491 | 683 | 836 | 931 | 980 | 993 | 996 | 998 | 1000 | |

Wir beschränken uns in dieser Übung 1 zunächst auf die Durcharbeitung ausschließlich der Längenmessungen.

*Auswertung.*

*Übersicht über die Grundtatsachen.* 1. Es zeigt sich, daß nicht jeder Bohne die gleiche Länge zukommt: die Bohnenlänge ist kein kon-

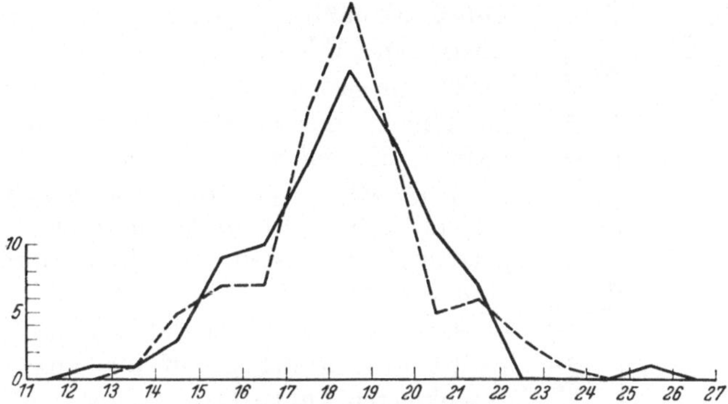

Abb. 2. Variationspolygone der Länge von je 100 Feuerbohnen; graphische Darstellung der beiden Variationsreihen Tab. 1.
———— Messungen des 1. Praktikanten.
— — — Messungen des 2. Praktikanten.

stantes Merkmal, sondern eine variable Größe. Eine solche Variation finden wir bei der Untersuchung von Eigenschaften von Tieren und Pflanzen immer aufs neue — oder wenn wir statt des statisch-morphologischen Ausdrucks „Eigenschaft" einen dynamisch-biologischen wählen wollen: bei der Untersuchung physiologischer oder morphogenetischer Vorgänge, deren — dauerndes oder vorübergehendes — Ergebnis in der betreffenden „Eigenschaft" gegeben ist.

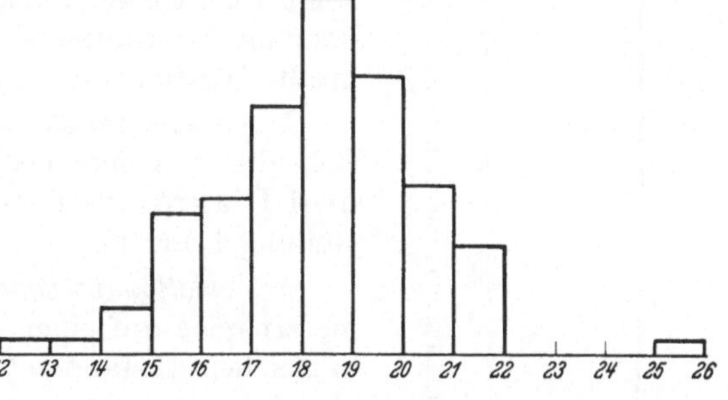

Abb. 3. Treppenpolygon der Länge von 100 Feuerbohnen; graphische Darstellung der Variationsreihe 1, Tab. 1.

Selten nur lassen sich Merkmale von Organismen als konstante Größen zahlenmäßig ausdrücken; vielmehr stellen sie fast stets solche Größen dar, die innerhalb gewisser Grenzen schwanken, die also eine bestimmte, sei es geringere oder umfangreichere, Variationsbreite besitzen.

2. Wenn wir in Übung 9 die Anzahl der Strahlen in der Flosse eines Fisches oder in Übung 7 die Randblüten eines Korbblütlers auszählen werden, so werden wir für jedes Individuum immer eine ganze Zahl, zum Beispiel 21, als zahlenmäßige Angabe für sein individuelles Merkmal erhalten. Im Gegensatz zu solcher ganzzahligen oder diskontinu-

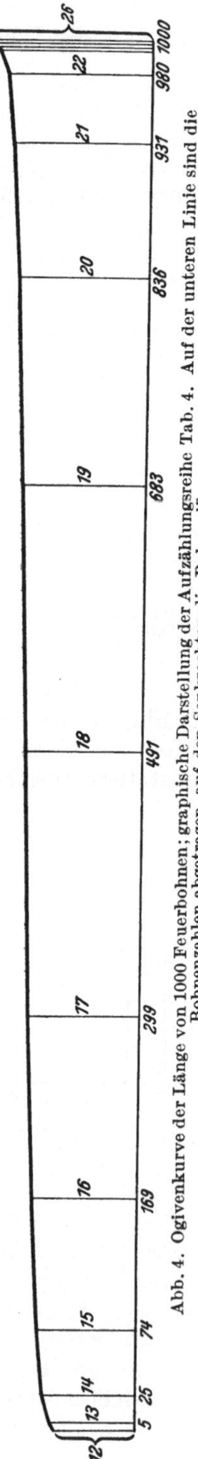


Abb. 4. Ogivenkurve der Länge von 1000 Feuerbohnen; graphische Darstellung der Aufzählungsreihe Tab. 4. Auf der unteren Linie sind die Bohnenzahlen abgetragen, auf den Senkrechten die Bohnenlängen.

ierlichen Variabilität haben wir es bei der Variation der Bohnenlängen mit einer kontinuierlichen Variabilität zu tun. Eine solche ist dadurch ausgezeichnet, daß zwischen den einzelnen Individuen — den Varianten — alle nur denkbaren Größenübergänge bestehen können, daß also die Maße der einzelnen Varianten allmählich, kontinuierlich, ineinander übergehen (Abb. 4).

Um unser Material zahlenmäßig untersuchen zu können, müssen wir es daher in Klassen ordnen, die, mögen sie einen geringeren oder einen größeren Spielraum umschließen, jedenfalls nicht durch einen bestimmten Größenwert gekennzeichnet sind, sondern durch zwei Grenzwerte.

3. Drittens zeigt sich, daß sich die Individuen nicht gleichmäßig auf die einzelnen Variantenklassen verteilen. Vielmehr häufen sich die Individuen in der Mitte der Tabelle, während nach rechts und links hin die Häufigkeitszahlen absinken, und zwar kann das, wie in unserem Falle, nach beiden Seiten hin in annähernd gleicher Stärke geschehen. Die Individuenzahlen ordnen sich also um einen etwa in der Mitte der Übersicht stehenden größten Längenwert, der somit die meisten Einzelfälle auf sich vereinigt, oder um zwei unter sich ungefähr gleich große größte Werte (Tab. 1, 3).

*Graphische Darstellung.* Anschaulich lassen sich die von uns beobachteten Tatsachen in drei Diagrammen (Schaubildern) zur Darstellung bringen.

a) *Variationspolygon.* Man trägt auf Millimeterpapier auf einer geraden Linie (Abszisse) in gleichen Abständen (etwa 1 cm) Markierungen ab, die den Grenzwerten der einzelnen Variantenklassen entsprechen (also z. B. mit den Zahlen 12, 13, 14 usw. bezeichnet werden). In der Mitte zwischen je zwei Markierungspunkten wird senkrecht über der Abszissenachse ein Punkt um so viele Maßeinheiten (z. B. Millimeter) von der Abszisse entfernt eingetragen, als Individuen in der betreffenden Variantenklasse vorhanden sind. Wenn man dann je zwei nebeneinander gelegene Punkte miteinander verbindet, so erhält man als graphischen Ausdruck der in Tab. 1 niedergelegten Zahlenverhältnisse ein Variationspolygon (Abb. 2).

*b) Treppenpolygon.* Eine andere Form des Variationspolygons stellt das Treppenpolygon dar. In der der Individuenzahl der einzelnen Variantenklassen entsprechenden Entfernung werden Parallelen zur Abszissenachse gezogen, die sich mit den in den Markierungspunkten der Klassengrenzen errichteten Senkrechten treffen. So entsteht eine Reihe nebeneinander stehender Rechtecke, deren Höhe die Häufigkeit der einzelnen Variantenklassen veranschaulicht (Abb. 3).

*c) GALTONsche Ogivenkurve.* Wenn wir die Bohnen einer Geraden entlang genau der Größe nach aneinanderreihen würden, links mit der klein-

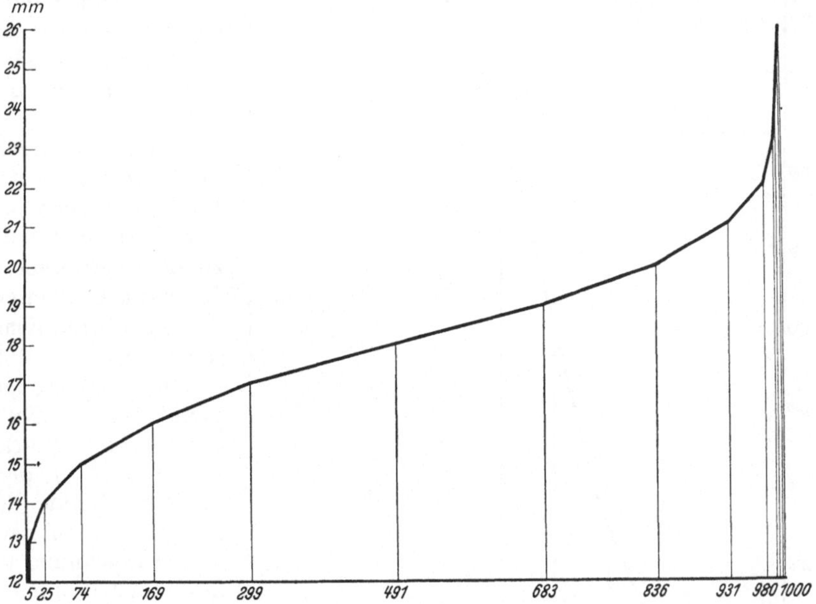

Abb. 5. Ogivenkurve der Länge von 1000 Feuerbohnen (Tab. 4).

sten beginnend, so würden die Spitzen der sämtlichen 1000 Bohnen, miteinander verbunden, eine Kurve ähnlich Abb. 4 ergeben, wenn wir uns die Dicke der einzelnen Bohnen zur Dicke einer dünnen Scheibe zusammengeschrumpft denken.

Das Bild einer solchen Kurve wird eindrucksvoller, wenn wir die Größenunterschiede der Bohnen künstlich übertreiben, indem wir wieder 1 mm Längenunterschied = 1 cm in der Zeichnung setzen, während wir gleichzeitig die Entfernungen zwischen je zwei aneinandergereihten Bohnen, d.h. den von den Bohnen eingenommenen Raum, im Maße stark herabsetzen (z.B. 5 Bohnen = 1 mm). Wir verfahren dabei, indem wir wieder, wie unter *a*, mit den Individuenzahlen der Klassen arbeiten, folgendermaßen:

Auf der Abszisse tragen wir diesmal die Individuenzahlen ab, und zwar (vgl. Tab. 2, 4) diejenigen, die sich *bis* zum Längenwert 13 mm, 14 mm

usw. insgesamt finden. Wir markieren also z.B. die 5 Bohnen der ersten
Kolumne der Tabelle, indem wir 5 : 5 = 1 mm rechts vom Nullpunkt
der Abszisse einen Strich machen, die 25 Bohnen, die größer als 13 mm,
aber kleiner als 14 mm sind, durch einen zweiten Strich in 25 : 5 = 5 mm
Entfernung vom Nullpunkt, usw. Der Gesamtindividuenzahl (in unserem Falle 1000) muß dann natürlich der auf der Abszissenachse am
weitesten rechts markierte Punkt (1000 : 5 = 200 mm = 20 cm) ent-
sprechen. Die Punkte auf der Abszissenachse liegen zuerst einander näher, dann weiter voneinander entfernt, um sich schließlich wieder dicht zusammenzudrängen.

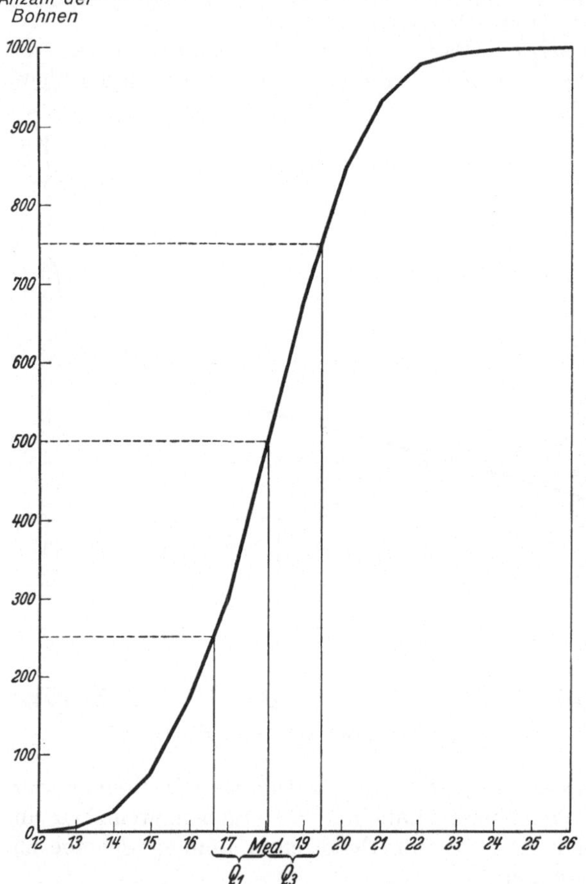


Abb. 6. Summenkurve der Länge von 1000 Feuerbohnen (Tab. 4).

Direkt senkrecht über den markierten Punkten tragen wir nun als Ordinaten die zu den betreffenden Individuenzahlen gehörigen oberen Klassenwerte ab: dem ersten Markierungspunkt (1 cm vom Nullpunkt) entspricht der Längenwert 13, dem zweiten Punkt der Längenwert 14 usw. Da die Zeichnung indes zuviel Raum beanspruchen würde, wenn wir die Lote 13 cm, 14 cm usw. bis 26 cm lang machten, so verlegen wir die Kurve um so viel Zentimeter gegen die Abszisse, daß das zuerst zu errichtende Lot nur 1 cm, das zweite 2 cm, das dritte 3 cm usw.
lang ist. In unserem Falle verkürzen wir also alle Ordinaten um 12 cm;
die längste Ordinate ist dann 26 — 12 = 14 cm lang. Die Endpunkte der
Ordinaten verbinden wir miteinander und erhalten so die nach ihrer
Form sog. Ogivenkurve (abgekürzt auch Ogive genannt).

Die Abb. 5 ist in diesem Maßstab entworfen, aber für die Wiedergabe in
diesem Buch entsprechend verkleinert worden. Abb. 4 dagegen ist nur wenig
verkleienrt worden.

*d) Summenkurve.* Drehen wir diese Zeichnung um 90° nach links und betrachten sie spiegelbildlich, so erhalten wir die Kurve Abb. 6, deren Koordinatengrundriß mit demjenigen des Variationspolygons (Abb. 2, 3) übereinstimmt: auf der Abszisse sind die Variantenklassen eingetragen, während an der Ordinate die jeweiligen Individuenzahlen abgelesen werden können, nur eben diesmal diejenigen, die bis zu dem betreffenden Klassenwerte insgesamt gefunden wurden. Diese Kurve bezeichnet man daher sinngemäß als Summenkurve.

*Exakte Auswertung.* Die in den Tab. 1—4 bzw. in den Kurven Abb. 2—6 dargestellten Tatsachen sollen nun genauer analysiert werden. Unsere Aufgabe ist es ja, die typische Länge der Feuerbohnensamen festzustellen. Daher muß es unser Bestreben sein, die Vielzahl der Werte, die wir gefunden haben, durch einen einzigen Zahlenwert, eben den typischen Wert, zu ersetzen.

1. Als solchen könnten wir diejenige Variantengröße wählen, auf die die meisten Bohnen entfallen. Diese Zahl heißt der dichteste Wert, der Modalwert oder die Mode ($Mo$). Er kann jedoch bei kontinuierlicher Variabilität nicht einfach am Fußpunkt der Senkrechten, die vom höchsten Punkt des Polygons auf die Abszissenachse gefällt wird, abgelesen, sondern muß durch Interpolation ermittelt werden.

2. Zweckmäßig erscheint auch derjenige Wert, der die nach ansteigender Größe angeordnete Gesamtheit unserer Bohnen (Abb. 4, 5, Ogive) genau in zwei Hälften von gleicher Individuenzahl teilt, in unserem Falle (1000 Individuen) also das Längenmaß der im Punkte 500 $\left(=\dfrac{1000}{2}\right)$ der Abszisse errichteten Senkrechten. Dieser Wert, der also als Mediane ($Med$) genau zwischen den beiden Individuenhälften hindurchschneidet, stellt gleichzeitig die obere Größengrenze für die eine und die untere Größengrenze für die andere dieser beiden Individuenhälften dar (Abb. 6, 16).

3. Am zweckmäßigsten muß aber, wie wir noch näher sehen werden, derjenige Wert genannt werden, der die durchschnittliche Größe sämtlicher von uns untersuchten Bohnen angibt. Wir können diesen Wert, der ja nichts anderes ist als das arithmetische Mittel aus allen unseren Einzellängenwerten, demgemäß als Mittelwert ($M$) bezeichnen.

## Anhang zu Übung 1.
### *Zur Technik des Messens.*

1. Längenmessungen. *Makroskopische Maße* kann man oft (vgl. auch Abb. 1b) mittels eines Winkelmaßes oder einer Schublehre direkt abnehmen. Von kleineren Körpern kann man sie mittels eines einfachen Stechzirkels nehmen, den man zum Zweck der Ablesung auf ein Holz-, Metall- oder Papierlineal mit Millimetereinteilung aufsetzt. Eine Skala mit bloßer Millimetereinteilung empfiehlt sich für feinere Messungen mehr als eine solche mit Einteilung in halbe Millimeter, weil bei letzterer wegen der Engheit der Teilstriche die Ablesung sehr viel mühsamer ist, während auch erstere nach einiger Übung eine genügend genaue Abschätzung auf Zehntelmillimeter gestattet.

*Mikroskopische Maße* kann man entweder direkt am Objekt mittels Okular- und Objektmikrometers nehmen oder besser auf dem Umweg über eine Zeichnung, die die Konturen des Objekts festhält oder wenigstens die Endpunkte der zu messenden Strecken markiert. Von der Zeichnung nimmt man die Maße durch Anlegen eines Maßstabes oder wieder durch Abgreifen mit dem Stechzirkel oder der Schublehre.

Man rechnet die so gewonnenen Maße in die tatsächlichen Größenwerte um, indem man bei gleicher Vergrößerung eine Zeichnung von den Teilstrichen eines Objektmikrometers anfertigt, ausrechnet, wieviel Millimeter der Zeichnung auf die Entfernung zwischen zwei Teilstrichen des Objektmikrometers kommen, und mit dem so errechneten Quotienten die an den Zeichnungen gemessenen Werte multipliziert. Man kann die Zeichnung auch von vornherein in einer bestimmten Vergrößerung herstellen.

Besonders geeignet für die Herstellung derartiger Zeichnungen sind die verschiedenen Modelle von Projektions-Zeichenvorrichtungen.

2. Flächenmessungen sind, sowohl am makroskopischen wie auch besonders am mikroskopischen Objekt, leicht auf folgendem Umwege durchzuführen. Die betreffenden Objekte werden auf gutem, starkem Papier oder Karton gezeichnet, die Zeichnungen sorgfältig ausgeschnitten und gewogen. Zum Zweck der Umrechnung wiegt man ein Papier- oder Kartonstück von bekanntem Flächeninhalt, so daß man das Gewicht pro Flächeneinheit erhält. Aus den Gewichten der ausgeschnittenen Zeichnungen läßt sich dann auch ihr Flächeninhalt leicht errechnen.

## Übung 2.

### Mittelwert.

*Berechnung des Mittelwertes M.* Wenn wir aus den uns vorliegenden 1000 Bohnengrößen das arithmetische Mittel errechnen wollen, so müssen wir in jeder Variantenklasse die darin enthaltene Individuenzahl ($p$) mit dem betreffenden Klassenwert ($V$) multiplizieren, dann die sämtlichen so erhaltenen Faktoren ($p \cdot V$) zusammenzählen und schließlich die Summe aller dieser $p \cdot V$ (schreib: $\Sigma p V$; lies: Summe aller Produkte $p$ mal $V$, d. h. Summe aller Produkte aus den jeweils einander zugehörigen Werten von $p$ und $V$) durch die Gesamtzahl ($n$) der Individuen dividieren. So erhalten wir den Mittelwert:

$$M = \frac{\Sigma p V}{n}.$$

Um diese Multiplikation ausführen zu können, müssen wir aber erst unseren Variantenklassen, die wir ja bisher nur durch ihre Größengrenzen charakterisiert haben, einen bestimmten Klassenwert ($V$) zuschreiben. Als solchen wählen wir jeweils den in der Mitte zwischen den Grenzwerten liegenden Zahlenwert. Wir teilen also unseren Klassen die Werte 12,5, 13,5 usw. zu. Bei einer solchen Klassenwertzuteilung begehen wir natürlich fortgesetzt Fehler, indem wir ja Individuen jetzt durch einen und den gleichen Längenwert charakterisieren, die in Wirklichkeit gar nicht die gleiche Länge besitzen. Die Ungenauigkeit, die wir bei einer solchen Maßnahme begehen, erscheint verhältnismäßig gering, da ja solchen Bohnen, die beispielsweise in der Klasse 16,5 um gewisse Bruchteile kleiner sind als dieser Klassenwert, andere gegenüberstehen werden, die um ähnliche Beträge größer sind. Die Klassenwerte werden daher, wenn die Spielräume zwischen den Klassengrenzwerten nur genügend klein gewählt werden, als hinreichend genauer Ausdruck der Individuengröße innerhalb der einzelnen Klasse gelten können. Immerhin bleibt eine, wenn auch kleine Ungenauigkeit bestehen. Wir werden daher zwar zunächst mit den Klassenwerten arbeiten dürfen, später aber den dabei begangenen Fehler durch eine entsprechende Korrektur wieder auszuschalten suchen müssen (vgl. S. 23).

$$
\begin{array}{ll}
p & V \\
1 \cdot 12{,}5 = & 12{,}5 \\
1 \cdot 13{,}5 = & 13{,}5 \\
3 \cdot 14{,}5 = & 43{,}5 \\
\cdot \quad \cdot & \\
\cdot \quad \cdot & \\
\cdot \quad \cdot & \\
1 \cdot 25{,}5 = & 25{,}5 \\
\hline
\Sigma\, p\, V = & 1832{,}0 \\
M = \dfrac{\Sigma p V}{n} = & \dfrac{1832{,}0}{100} \\
M = & 18{,}32
\end{array}
$$

Wir berechnen also den Mittelwert an Hand der Zahlen in Tab. 1 folgendermaßen (siehe obenstehende Zusammenstellung).

### *Vereinfachte Methode der Mittelwertbestimmung.*

Die Mittelwertberechnung können wir erheblich vereinfachen, wenn wir uns klarmachen, daß die Klassenwerte auch als S u m m e n geschrieben werden können, die den kleinsten Klassenwert, in unserem Falle also $V = 12{,}5$, als einen der beiden Summanden enthalten, als zweiten Summanden den jeweiligen Z u w a c h s des Variantenwertes gegenüber diesem kleinsten Klassenwert, in unserem Falle also die Zuwachsgrößen 1 bis 9. Den kleinsten Klassenwert (12,5) können wir, da er in sämtlichen Individuen enthalten ist, daher sofort mit $n$ (hier = 100) multiplizieren. Die Einzelmultiplikationen mit $p$ dagegen beschränken sich auf die zusätzlichen Summanden 1, 2, 3 usw.; wir multiplizieren also $p = 1$ nicht mehr mit 13,5, sondern nur noch mit 1, $p = 3$ nicht mehr mit 14,5, sondern mit 2 usw. Nunmehr gewinnt die Rechnung folgende einfache Form (siehe nebenstehende Zusammenstellung).

$$
\begin{array}{ccc}
 & \text{Kleinster} & \\
V & \text{Klassen-} & \text{Zuwachs} \\
 & \text{wert} & \\
12{,}5 = 12{,}5 & & + 0 \\
13{,}5 = 12{,}5 & & + 1 \\
14{,}5 = 12{,}5 & & + 2 \\
\cdot \quad\quad\; \cdot & & \cdot \\
\cdot \quad\quad\; \cdot & & \cdot \\
21{,}5 = 12{,}5 & & + 9
\end{array}
$$

Da indes diese Methode nicht immer so leicht anwendbar ist, die zuerst benutzte aber oft umständliches Rechnen erforderlich macht, so üben wir uns noch in einer weiteren Methode der Berechnung des Mittelwertes, die zwar zunächst als die schwierigere erscheinen will, sich aber schon bei geringer Übung als die weitaus zweckmäßigere erweist und uns zudem bei unserer späteren Arbeit sehr wertvoll sein wird. Diese beste Methode der Mittelwertberechnung besteht in einer noch weiteren Vereinfachung der soeben geübten Methode.

$$
\begin{array}{rcr}
100 \cdot 12{,}5 & = & 1250 \\
1 \cdot 0 & = & - \\
1 \cdot 1 & = & 1 \\
3 \cdot 2 & = & 6 \\
9 \cdot 3 & = & 27 \\
\cdot \quad \cdot & & \\
\cdot \quad \cdot & & \\
7 \cdot 9 & = & 63 \\
1 \cdot 13 & = & 13 \\
\hline
\Sigma\, p\, V & = & 1832
\end{array}
$$

*Verkürzte Methode der Mittelwertbestimmung.*

**Allgemeine Ableitung.** Wir gehen von einem angenommenen Mittelwert aus, den wir $A$ (= Ausgangswert) nennen. Als solchen wählen wir einen beliebigen Variantenwert $V$, natürlich möglichst nahe dem Werte, den wir als wirklichen Mittelwert vermuten. Es wäre ein großer Zufall, wenn wir dabei gerade genau den wirklichen Mittelwert $M$ träfen. Im allgemeinen werden wir $A$ etwas zu klein oder zu groß gegenüber $M$ gewählt haben, so daß sich $A$ von $M$ durch einen meist kleinen Betrag unterscheidet, den wir $b$ (Betrag) nennen:

$$M = A + b$$

wobei dieser Differenzbetrag $b$ sowohl ein positiver wie ein negativer Wert sein kann.

Wenn wir die Größe dieses Betrages $b$ kennen würden, so besäßen wir sogleich auch den wirklichen Mittelwert $M$, da ja $M = A + b$ ist. Wie aber gelangen wir zu dem Wert von $b$?

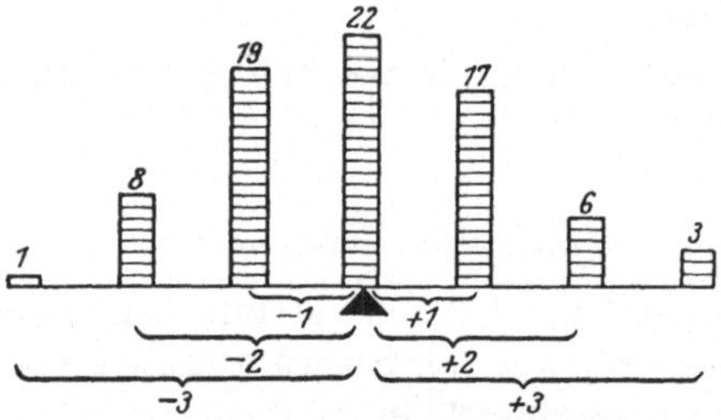

Wir stellen folgende einfache Überlegung an:

Der wirkliche Mittelwert $M$ ist dadurch ausgezeichnet, daß sich um ihn die Varianten so gruppieren, als hielten sie sich das Gleichgewicht auf einer Waage. In der Abb. 7 ist das in schematischer Weise veranschaulicht. Zu beiden Seiten des Gleichgewichtspunktes, auf dem 22 Gewichte liegen, sind weitere, ebenfalls willkürlich gewählte Gewichtspakete in regelmäßigen Abständen nach Art eines Variationspolygons angeordnet; die Gewichte entsprechen den Individuen, die Abstände den Unterschieden zwischen den Variantenwerten.

Abb. 7. Der Mittelwert als Gleichgewichts-Nullpunkt.

| | |
|---:|:---|
| $-1 \cdot 19 = -19$ | $+1 \cdot 17 = 17$ |
| $-2 \cdot \ \ 8 = -16$ | $+2 \cdot \ \ 6 = 12$ |
| $-3 \cdot \ \ 1 = - \ 3$ | $+3 \cdot \ \ 3 = \ \ 9$ |
| $-38$ | $+38$ |

Wie die nebenstehende Rechnung zeigt, herrscht auf beiden Seiten das gleiche Gewicht, nämlich 38; das genau in der Mitte befindliche Gewicht 22 bleibt auf die Gleichgewichtslage natürlich ohne Einfluß. Wir können diesem Werte 38 in der üblichen Weise einmal ein positives, das andere Mal ein negatives Vorzeichen geben, je nachdem ob die Gewichte rechts oder links vom Gleichgewichtspunkte liegen. Dann heben sich die beiderseitigen Summen gegenseitig auf, indem $+ 38 - 38 = 0$ ist.

Über die Stellung des wirklichen Mittelwertes $M$ in der Variationsreihe besagt unser Vergleich mit der Waage: Die Summe der **positiven** Abweichungen der Individuen vom Mittelwert ist zahlenmäßig ebenso groß wie die der **negativen**; nur das Vorzeichen ist beidemal verschieden. **Die Summe der Abweichungen sämtlicher Individuen vom Mittelwert $M$ muß daher $= 0$ sein.**

Es leuchtet ohne weiteres ein, daß die Summe der Abweichungen der Varianten von einem anderen als dem Mittelwert nicht = 0 sein kann, sondern ein Ungleichgewicht zwischen positiver und negativer Abweichungssumme darstellen muß. Am Beispiel unserer Waage erläutert: Bei Benutzung jedes anderen als des in Abb. 7 eingezeichneten Punktes als Stützpunkt muß die Waage sinken, sei es nach rechts oder nach links.

Wenn wir also von einem angenommenen Mittelwert $A$ ausgehen und die Summe der Abweichungen berechnen, die sich nunmehr ergibt, so erhalten wir nicht 0, sondern eine — entweder positive oder negative — Zahl, die angibt, um welchen Betrag die Gesamtheit der Individuen von $A$ abweicht.

Der Mittelwert $M$ berechnet sich nun insofern nicht auf die Gesamtheit der Individuen, sondern auf das einzelne Individuum, als er ja eben einen durchschnittlichen Größenwert angibt. Ebenso ist nun auch der angenommene Mittelwert $A$ auf das einzelne Individuum bezogen. Wenn daher von diesem Werte $A$ die Gesamtheit der Individuen um einen bestimmten Betrag abweicht, so muß dieser Betrag, durch die Gesamtindividuenzahl ($n$) dividiert, angeben, um wieviel jedes einzelne Individuum im Durchschnitt von $A$ abweicht.

Damit haben wir aber den gesuchten Betrag $b$. Denn wenn ein individueller Variantenwert von $M$ durchschnittlich um 0 abweicht, so muß er von einem Wert $A$, der von $M$ um das Stück $b$ entfernt liegt, im Durchschnitt eben gerade um diesen Betrag $b$ abweichen (Abb. 14).

Wenn wir so $b$ als die durchschnittliche Abweichung der Varianten vom angenommenen Mittelwert $A$ (anders ausgedrückt: als die Summe aller Abweichungen von $A$, dividiert durch $n$) errechnet haben, brauchen wir den so gewonnenen Wert für $b$, der positiv oder negativ sein kann, nur noch zu $A$ zu addieren, um $M$ zu erhalten:

$$M = A + b.$$

Wir machen uns das Ganze an unserem schematischen Beispiel noch einmal klar. Wir nehmen als Stützpunkt der Waage den Punkt unter der Individuenzahl 17 an, rücken den Stützpunkt also um eine Entfernungseinheit nach rechts. Dann weichen von diesem angenommenen Punkte $A$ ab (vgl. Abb. 7)

$$
\begin{aligned}
&\text{um} + 1 \quad 6 \text{ Individuen,}\\
&\text{um} + 2 \quad 3 \text{ Individuen,}\\
&\text{um} - 1 \quad 22 \text{ Individuen,}\\
&\text{um} - 2 \quad 19 \text{ Individuen usw.}
\end{aligned}
$$

Die Summe der Abweichungen aller Individuen von $A$ berechnet sich also folgendermaßen:

$$
\begin{array}{ll}
-1 \cdot 22 = -22 & +1 \cdot 6 = +6 \\
-2 \cdot 19 = -38 & +2 \cdot 3 = +6 \\
-3 \cdot \phantom{0}8 = -24 & \\
-4 \cdot \phantom{0}1 = -\phantom{0}4 & \\
\hline
\phantom{-4 \cdot 1 =} -88 & \phantom{+1 \cdot 6 =} +12
\end{array}
$$

Die Gesamtsumme ist $-88 + 12 = -76$. Diesen Wert müssen wir

durch $n$ (die Summe aller Individuen) dividieren; in unserem Beispiel
ist $n = 76$.

$$- 76 : 76 = -1$$
$$b = -1$$

D. h. wir müssen von unserem angenommenen Stützpunkt $A$ aus um
eine Einheit nach der negativen Seite hin, d. h. nach links, rücken, um
in der Tat damit wieder den wirklichen Gleichgewichtspunkt ($M$) zu erhalten.

*Buchstabenbezeichnungen.* Wir führen folgende Buchstabenbezeichnungen (vgl. Abb. 8) ein. Die zu einer bestimmten Variantenklasse gehörige Individuenzahl nennen wir $p_1$, $p_2$, $p_3$ usw. oder allgemein $p$; die Entfernung einer einzelnen Variantenklasse von dem angenommenen Mittelwert $A$ bezeichnen wir mit $a$ (mnemotechnisch: zu groß $A$ gehört klein $a$). Die Summe der Abweichungen aller Varianten von $A$ ist also $p_1 \cdot a_1 + p_2 \cdot a_2 + p_3 \cdot a_3 + \ldots$ oder kurz $\Sigma\, p\, a$ zu schreiben. Und diese Produktsumme, durch $n$ dividiert, stellt den Betrag $b$ dar, um den sich der wirkliche Mittelwert vom angenommenen Mittelwert unterscheidet:

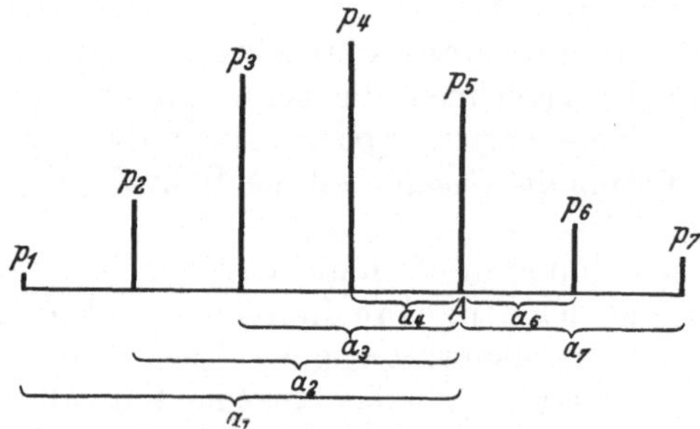

Abb. 8. Der angenommene Mittelwert.
(Vgl. Abb. 8 mit Abb. 7.)

$$b = \frac{\Sigma\, p\, a}{n}.$$

*Praktische Ausführung der Berechnung des Mittelwertes mittels $b$.*

An Hand der beiden Formeln

$$1. \quad b = \frac{\Sigma\, p\, a}{n}$$

$$2. \quad M = A + b$$

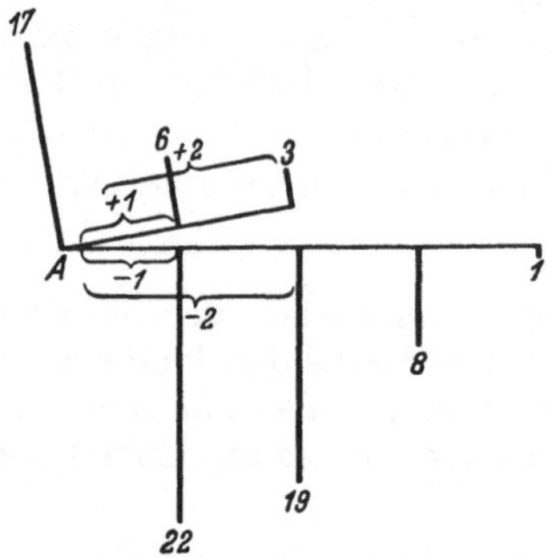

Abb. 9. Umknickung einer
Variationsreihe (Abb. 8) um den
angenommenen Mittelwert.

berechnen wir nunmehr den Mittelwert. Wir knicken zu diesem Zweck die Variationsreihe um den angenommenen Mittelwert gleichsam wie um einen Drehpunkt um, so wie es Abb. 9 für unser schematisches Beispiel veranschaulicht. Es kommt dann immer eine „positive" Variantenklasse über eine „negative" zu liegen, deren Klassenwerte zwar voneinander verschieden sind, deren Abweichungen $a$ aber die gleiche Größe besitzen, nur eben mit umgekehrtem Vorzeichen.

Wenn wir die Berechnung wieder an Hand der Zahlen in Tab. 1 durchführen, so können wir beispielsweise $A = 18{,}5$ wählen. Dann kommen durch die Umknickung übereinander die Variantenklasse $V = 19{,}5$

und $V = 17{,}5$, für deren erste $a = +\,1$ ist, während für die zweite $a = -\,1$ gilt; weiterhin liegen übereinander die Klassen $V = 20{,}5$ und $V = 16{,}5$, deren $a$-Werte $+\,2$ bzw. $-\,2$ betragen, usw. So entsteht die folgende Tabelle:

| $a =$ | 1 | 2 | 3 | 4 | 5 | 6 | 7 |
|---|---|---|---|---|---|---|---|
| $p \begin{cases} + \\ - \end{cases}$ | 18<br>16 | 11<br>10 | 7<br>9 | $\div$<br>3 | $\div$<br>1 | $\div$<br>1 | 1<br>$\div$ |
| Summe | $+\,2$ | $+\,1$ | $-\,2$ | $-\,3$ | $-\,1$ | $-\,1$ | $+\,1$ |

Wir brauchen nun nicht mehr mit jeder einzelnen Klasse, sondern immer nur mit der Summe je zweier übereinanderstehender Klassen weiterzurechnen. Denn die 16 Individuen mit der Abweichung $a = -\,1$ werden ja durch ebenso viele Individuen mit der Abweichung $a = +\,1$ aufgehoben, so daß nur $18 - 16 = 2$ Individuen mit der Abweichung $a = +\,1$ als Zahlenwert $+\,2$ in die Rechnung einzugehen brauchen. Wir rechnen also einfach: $+\,18 - 16 = +\,2$. Ebenso rechnen wir in den weiteren Doppelklassen: $+\,11 - 10 = +\,1$, $+\,7 - 9 = -\,2$, $0 - 3 = -\,3$ usw.

Die Gesamtsumme der Abweichungen vom angenommenen Mittelwert erhalten wir dadurch, daß wir nunmehr die Zahlen der untersten Reihe unserer Tabelle jeweils mit der zugehörigen Zahl $a = 1, 2, 3$ usw. der obersten Reihe multiplizieren und danach die einzelnen Produkte addieren. Dabei schreiben wir die positiven und die negativen Produkte in je eine gesonderte Reihe untereinander, also:

$$
\begin{array}{ll}
\quad\quad - & \quad\quad\quad + \\
 & +\,2 \cdot 1 = +\,2 \\
 & +\,1 \cdot 2 = +\,2 \\[4pt]
-\,2 \cdot 3 = -\;6 & \\
-\,3 \cdot 4 = -\,12 & \\
-\,1 \cdot 5 = -\;5 & \\
-\,1 \cdot 6 = -\;6 & \\[4pt]
 & +\,1 \cdot 7 = +\;7 \\ \hline
\quad\quad -\,29 & \quad\quad +\,11
\end{array}
$$

Linke und rechte Seite zusammengezählt gibt $\Sigma\,p\,a$; in unserem Falle

$$
\begin{array}{r}
-\,29 \\
+\,11 \\ \hline
\Sigma\,p\,a = -\,18
\end{array}
$$

Dividieren wir diese Zahl durch $n$, so erhalten wir den Wert für $b$. Da $n = 100$ ist, so ergibt sich

$$
b = \frac{\Sigma\,p\,a}{n} = -\,\frac{18}{100} = -\,0{,}18.
$$

Wir runden diese Zahl $0{,}18$ auf $0{,}2$ ab, da wir ja nur auf Millimeter genau gemessen haben (vgl. S. 1) und eine Berechnung auf hundertstel Millimeter daher eine Genauigkeit vortäuschen würde, die nicht vorhanden ist.

Den Betrag $b$ zählen wir nunmehr, um $M$ zu erhalten, zu $A$ ($= 18,5$) hinzu:

$$M = A + b$$
$$M = 18,5 + (-0,2) = 18,5 - 0,2$$
$$\boldsymbol{M = 18,3}$$

*Kontrollrechnung.* Zur Überprüfung der Richtigkeit unserer Rechnung führen wir zweckmäßigerweise eine Kontrollrechnung unter Wahl eines anderen $A$-Wertes durch.

Setzen wir $A = 17,5$, so erhalten wir folgende Tabelle:

| $a$ | 1 | 2 | 3 | 4 | 5 | 6 | 7 | 8 |
|---|---|---|---|---|---|---|---|---|
| $+$ | 23 | 18 | 11 | 7 | — | — | — | 1 |
| $-$ | 10 | 9 | 3 | 1 | 1 | | | |
| | 13 | 9 | 8 | 6 | —1 | — | — | 1 |

$$
\begin{array}{ll}
\quad\quad\quad - & \quad\quad\quad + \\
 & 13 \cdot 1 = 13 \\
 & 9 \cdot 2 = 18 \\
 & 8 \cdot 3 = 24 \\
 & 6 \cdot 4 = 24 \\
-1 \cdot 5 = -5 & \\
 & 1 \cdot 8 = \phantom{0}8 \\
\hline
\quad\quad -5 & \quad\quad +87
\end{array}
$$

$$\Sigma pa = 87 - 5 = +82$$
$$b = +\frac{82}{100} = +0,82$$
$$M = A + b = 17,5 + 0,8 = 18,3$$

Wie wir sehen, erspart die von uns geübte Methode der Mittelwert-Berechnung das Rechnen mit großen Zahlen. Denn erstens brauchen wir nun nicht mehr mit den Werten der Variantenklassen selber (z. B. 21,5, 22,5 usw.) zu rechnen, sondern bloß mit den durch kleine Zahlen (1,2 usw.) ausdrückbaren Abweichungen $a$ dieser Varianten vom angenommenen Mittelwert. Zweitens verkleinern wir durch das Umknickverfahren auch die Individuenzahlen, mit denen wir zu operieren haben, und zugleich die Zahl der auszuführenden Multiplikationen. Ferner aber erleichtert uns die eingeübte Methode, wie wir in der folgenden Übung sehen werden, die Gewinnung der wichtigen variationsstatistischen Größe, die wir als Streuung bezeichnen.

*Rechnungseinheit und Maßeinheit.* Wir führen die abgekürzte Mittelwertberechnung noch an einem weiteren Beispiel (Tab. 5) vor, um dabei einen wichtigen Punkt hervorzuheben, der in Fällen wie dem jetzt zu behandelnden beachtet werden muß.

Tab. 5. Rostrallänge von 99 Exemplaren des Krebses *Palaemonetes varians*.
(Nach A. Chranowa.)

| $V$ | 6,25 | 6,50 | 6,75 | 7,00 | 7,25 | 7,50 | 7,75 | 8,00 | 8,25 | 8,50 | 8,75 mm |
|---|---|---|---|---|---|---|---|---|---|---|---|
| $p$ | 3 | 7 | 6 | 16 | 33 | 20 | 9 | 2 | 2 | 1 | $n = 99$ |

Als angenommenen Mittelwert wählen wir natürlich den Wert der Klasse mit der Individuenzahl 33, also $A = 7{,}375$. In der Berechnungstabelle

| $A = 7{,}375$ | $a$ | | 1 | 2 | 3 | 4 | 5 |
|---|---|---|---|---|---|---|---|
| | $p$ | $+$ | 20 | 9 | 2 | 2 | 1 |
| | | $-$ | 16 | 6 | 7 | 3 | $\div$ |
| | Summe | | $+4$ | $+3$ | $-5$ | $-1$ | $+1$ |

sind wieder diejenigen Variantenklassen, deren Werte vom angenommenen Mittelwert zahlenmäßig gleich weit entfernt sind, übereinander geschrieben, und wir können $b$ berechnen:

$$
\begin{aligned}
&& +4\cdot 1 &= +\ 4 \\
-5\cdot 3 &= -15 & 3\cdot 2 &= \quad 6 \\
-1\cdot 4 &= -\ 4 & 1\cdot 5 &= \quad 5 \\
\hline
\text{Summe} &= -19 & \text{Summe} &= +15
\end{aligned}
$$

$$\Sigma pa = +15 - 19 = -4$$

$$b = \frac{\Sigma pa}{n} = -\frac{4}{99} = -0{,}04 \text{ (bei } a = 1).$$

Im vorliegenden Falle beträgt nun aber der wirkliche Abstand zwischen den Klassenwerten nur 0,25 mm, während wir bei der eben durchgeführten Rechnung mit $a = 1$, $a = 2$ usw. gearbeitet haben. Wir dürfen daher nicht vergessen, den mit Hilfe der Berechnungseinheit $a = 1$ ermittelten Wert, nämlich $b = 0{,}04$, auf seine wirkliche Größe umzurechnen, indem wir durch $1{,}00 : 0{,}25 = 4$ dividieren.

$$\text{Bei} \quad a = 1{,}00 \quad \text{ist} \quad b = -0{,}04.$$
$$\text{Bei} \quad a = 0{,}25 \quad \text{ist} \quad b = -0{,}01.$$

Erst jetzt dürfen wir $b$ in die Formel $M = A + b$ einsetzen; denn sowohl $M$ wie $A$ beziehen sich ja doch auf die um 0,25 mm voneinander unterschiedenen Klassenwerte. Also:

$$M = 7{,}375 - 0{,}01 = 7{,}365 = 7{,}37 \text{ mm.}$$

### *Ergebnis.*

Wir haben nunmehr einen typischen Wert für die Länge der von uns untersuchten Feuerbohnen gefunden: den Mittelwert $M$. Unsere Arbeit ist damit aber noch nicht beendet. Wir wissen zwar jetzt, wie groß dieser Wert ist, aber können noch nicht genauer angeben, wie häufig er sich findet bzw. wie häufig sich die Individuen ihm wenigstens annähern. Dies ist aber für die Beurteilung des typischen Längenwertes offenbar nicht gleichgültig.

Nun zeigt uns zwar ein Blick auf unsere Tab. S. 2, daß es noch nicht einmal ein Drittel der von uns gemessenen Bohnen sind, die dem Mittelwert unmittelbar nahe liegen, daß von den restlichen zwei Dritteln — der Mehrzahl also! — keine über die Grenzen 12 und 26 mm herausfällt, und daß nach diesen Grenzen hin die Individuenzahl abnimmt. Aber auch hier muß es unser Bestreben sein, zu einem zahlenmäßigen Ausdruck zu gelangen, der die Grenzen der Variation und die Verteilung der Individuen innerhalb dieser Grenzen angibt.

Kurz: Der typische Mittelwert bedarf einer Ergänzung durch den typischen Variationswert.

Mit diesem Wert, der sog. Streuung, wollen wir uns in der folgenden Übung beschäftigen.

## Übung 3.

### Streuung.

Nachdem wir den Mittelwert unserer Variationsreihe errechnet haben, wenden wir uns unserer zweiten Aufgabe zu, die Variationsgrenzen und die Verteilung der Varianten über das Variationsfeld zu

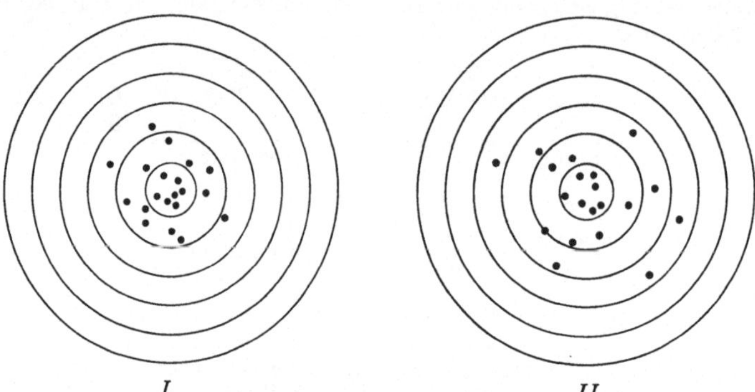



Abb. 10. Zwei Schußfelder mit verschiedener Streuung.

bestimmen. Der zahlenmäßige Ausdruck für die Variantenverteilung heißt Streuung oder Standardabweichung (englisch: standard deviation).

Wenn zwei Schützen I und II (s. Abb. 10) je 20 Schüsse auf eine Scheibe abgeben, so ist mit der alleinigen Angabe, jeder der beiden

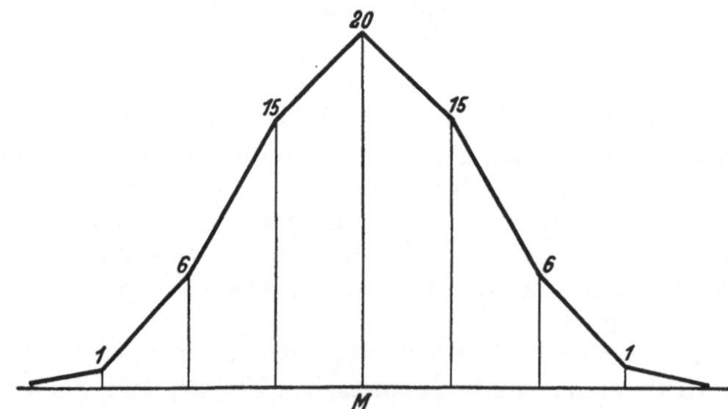



Abb. 11. Polygon des Binoms $(1+1)^6$.

Schützen habe 7 Schüsse ins Zentrum gesandt, noch kein endgültiges Urteil über die Treffsicherheit der Schützen (bzw. der Gewehre) gefällt. Ein solches Urteil ist vielmehr erst möglich, wenn wir wissen, in welcher Weise die außerhalb des Zentrums (des Mittelwertes!) liegenden Schüsse (Varianten) über das Schußfeld (das Variationsfeld) „verstreut" sind, wenn wir also die „Streuung" kennen. Eine einfache Betrachtung der

Figuren I und II zeigt sofort, daß im Falle des Schützen I die bessere Treffsicherheit, die geringere Streuung (die geringere Variationsbreite) vorliegt.

*Ideale Variationskurve.* Wesen und Bedeutung der Streuung können wir uns am leichtesten klarmachen, wenn wir von einer idealen Kurve ausgehen, der sich viele empirische Fälle biologischer Variation mehr oder weniger weitgehend annähern: der Binomialkurve (idealen Variationskurve, GAUSSschen Fehlerkurve, GALTON-Kurve). Diese Kurve (Abb. 12) ist die graphische Darstellung des Binoms $(1 + 1)^\infty$, also desjenigen Binoms, das entsteht, wenn man den Exponenten von $(1 + 1)$, dessen niedrige Werte sich in der bekannten Form des PASCALschen Dreiecks

$$
\begin{array}{c}
(1 + 1)^1 \qquad 1 \quad 1 \\
(1 + 1)^2 \qquad 1 \quad 2 \quad 1 \\
(1 + 1)^3 \qquad 1 \quad 3 \quad 3 \quad 1 \\
(1 + 1)^4 \qquad 1 \quad 4 \quad 6 \quad 4 \quad 1 \\
(1 + 1)^5 \qquad 1 \quad 5 \quad 10 \quad 10 \quad 5 \quad 1 \\
(1 + 1)^6 \qquad 1 \quad 6 \quad 15 \quad 20 \quad 15 \quad 6 \quad 1
\end{array}
$$

darstellen lassen, unendlich groß werden läßt.

Stellen wir eine der noch niederen Zahlenreihen, beispielsweise das Binom $(1 + 1)^6$, graphisch dar (Abb. 11), so erhalten wir bereits ein Bild, als hätten wir eine Variationsreihe mit den Individuenzahlen $p_1 = 1$, $p_2 = 6$ usw.; das Bild ist ähnlich, nur regelmäßiger als es unser Polygon der Kernlängen (Abb. 2, 3) ist. Wählen wir den Exponenten des Binoms größer, so wächst damit auch die Reihe unserer auf- und absteigenden Zahlen, und wenn wir den Exponenten unendlich groß ($\infty$) werden lassen, d. h. das Binom $(1 + 1)^\infty$ darstellen, so erhalten wir statt der 7 durch gerade Strecken verbundenen Punkte des Variationspolygons $(1 + 1)^6$, wie es Abb. 11 zeigt, unendlich viele, einander unendlich naheliegende Punkte, die zusammen die fortlaufende Kurve der Abb. 12 ergeben: die Binomialkurve.

Bei der Betrachtung einer solchen idealen Variationskurve fallen zwei bevorzugte Punkte ins Auge.

Der erste ist der Gipfelpunkt der Kurve bzw. der Fußpunkt der zugehörigen Senkrechten; dieser letztere stellt hier zugleich Mittelwert, Mediane und Mode (vgl. S. 7) dar.

Zweitens besitzt die Kurve zu beiden Seiten des Gipfels je einen Punkt (Abb. 12 $A_1$ und $A_2$), an dem ihre Konvexität in eine Konkavität übergeht, an dem also die Abfallsgeschwindigkeit der Kurve gleichsam aus einem schnelleren Tempo in ein langsameres umschlägt, so daß die Gesamtkurve sozusagen verbreitert wird.

Die Fußpunkte der zu diesen „Wendepunkten" der Kurve gehörigen Senkrechten ($L_1$ und $L_2$) umschließen ungefähr den dritten Teil der Gesamtstrecke, über die die Kurve, grob gesagt, herübergreift; die Strecke $M L_2$ ist der dritte Teil der positiven Strecke der Abszissenachse, soweit sie von der Kurve „überdacht" ist, die Strecke $ML_1$ der dritte Teil der negativen Strecke. Diese Entfernung aber zwischen dem Mittelpunkt

($M$) der Abszissenachse und dem Fußpunkt des Lotes von einem der Wendepunkte $A_1$ oder $A_2$ auf die Abszissenachse ist nichts anderes als eben die Streuung.

Wir bezeichnen die Streuung mit dem griechischen Buchstaben $\sigma$. Die Strecke $M L_2$ ist $= +\sigma$, $ML_1 = -\sigma$.

Obwohl nun der zwischen diesen beiden Punkten $A_1$ und $A_2$ gelegene Kurventeil nur ein Drittel der Abszissenstrecke als Basis hat, so schließt er in seinen Grenzen doch die Mehrzahl, nämlich mehr als zwei Drittel, der am Aufbau der Kurve beteiligten Individuen ein. Dies zeigen anschaulich die Längen der zwischen $A_1L_1$ und $A_2L_2$ eingeschlossenen Senkrechten, die ja den jeweiligen Individuenzahlen entsprechen. Der Prozentsatz der Varianten, die innerhalb der genannten Streuungsgrenzen liegen, läßt sich theoretisch genau angeben: er beträgt *68,3%* der Gesamtindividuenzahl. Die Fußpunkte $L_1$ und $L_2$ umgreifen also diejenigen Variantenwerte, die von 68,3% der Individuen verkörpert werden. Das Streuungsfeld stellt somit einen engeren Bereich des Variationsfeldes dar, in dem diese größere Mehrzahl der Individuen versammelt ist; der Streuungswert gibt die Größe desjenigen Drittels des Variationsfeldes an, innerhalb dessen gut zwei Drittel aller beteiligten Individuen liegen.

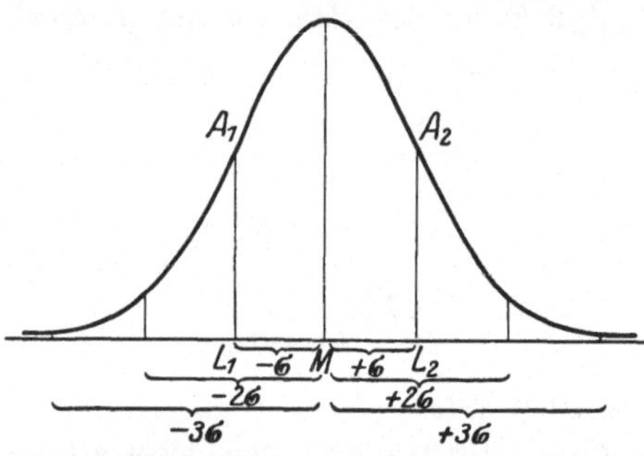


Abb. 12. Binomialkurve. (Buchstabenerläuterung im Text.)

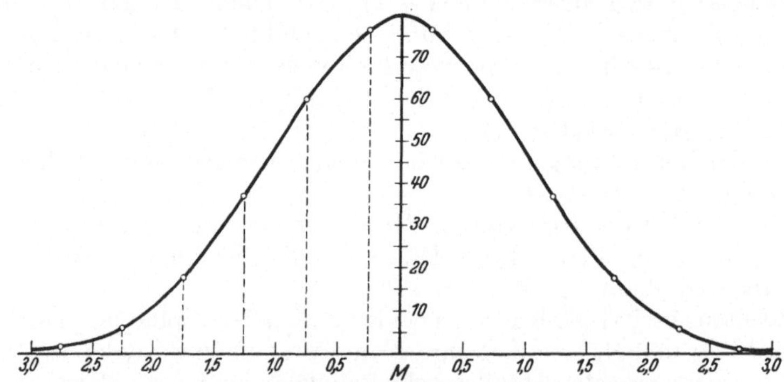


Abb. 13. Konstruktion der Binomialkurve. Verkleinerte Wiedergabe der in den im Text angegebenen Maßen entworfenen Zeichnung.)

Keines dieser 68,3% der Individuen weicht vom typischen Wert der Variationsreihe, dem Mittelwert, um mehr als $+\sigma$ oder $-\sigma$ ab.

Tragen wir von $M$ aus die Strecken $+2\sigma$ und $-2\sigma$ auf der Abszissenachse ab, so sehen wir, daß außerhalb des Areals der beiderseitigen Streuung, aber innerhalb des Areals, das jetzt beiderseits durch den **doppelten** Wert der Streuung abgegrenzt ist, auch noch eine erhebliche Anzahl von Varianten liegt, nämlich 27,2%, also gut ein Viertel aller Individuen, daß aber außerhalb **dieser** Grenzen und innerhalb der Grenzen $+3\sigma$ und $-3\sigma$ eine nur noch recht kleine Zahl von Varianten gelegen ist, nämlich 4,2%. Was schließlich gar außerhalb der Grenzen $+3\sigma$ und $-3\sigma$ liegt, ist eine so geringe Zahl von Varianten, nämlich 0,3%, also 3 unter 1000 Individuen, daß sie praktisch im allgemeinen vernachlässigt werden kann. Praktisch liegen also sämtliche Individuen, die am Aufbau einer binomialen Variationskurve beteiligt sind, innerhalb der Grenzen $M \pm 3\,\sigma$.

Der Anteil an Individuen, der auf die einzelnen Areale des Gesamtvariationsfeldes entfällt, läßt sich aus den beiden Tab. 6a u. 6b ablesen:

<table>
<tr><td colspan="3" align="center">Tab. 6a.</td><td colspan="2" align="center">Tab. 6b.</td></tr>
<tr><td colspan="2" align="center">Es liegen</td><td rowspan="2" align="center">Individuen</td><td align="center">Es liegen<br>innerhalb</td><td align="center">Indivi-<br>duen</td></tr>
<tr><td align="center">zwischen</td><td align="center">und</td></tr>
<tr><td align="center">$M$</td><td align="center">$\pm\,0,5\,\sigma$</td><td>38,3% ⎫</td><td align="center">$M \pm 0,5\,\sigma$</td><td align="center">38,3%</td></tr>
<tr><td align="center">$\pm\,0,5\,\sigma$</td><td align="center">$\pm\,1,0\,\sigma$</td><td>30,0% ⎭ 68,3%</td><td align="center">$M \pm 1,0\,\sigma$</td><td align="center">68,3%</td></tr>
<tr><td align="center">$\pm\,1,0\,\sigma$</td><td align="center">$\pm\,1,5\,\sigma$</td><td>18,3% ⎫</td><td align="center">$M \pm 1,5\,\sigma$</td><td align="center">86,6%</td></tr>
<tr><td align="center">$\pm\,1,5\,\sigma$</td><td align="center">$\pm\,2,0\,\sigma$</td><td>8,9% ⎭ 27,2%</td><td align="center">$M \pm 2,0\,\sigma$</td><td align="center">95,5%</td></tr>
<tr><td align="center">$\pm\,2,0\,\sigma$</td><td align="center">$\pm\,2,5\,\sigma$</td><td>3,3% ⎫</td><td align="center">$M \pm 2,5\,\sigma$</td><td align="center">98,8%</td></tr>
<tr><td align="center">$\pm\,2,5\,\sigma$</td><td align="center">$\pm\,3,0\,\sigma$</td><td>0,9% ⎭ 4,2%</td><td align="center">$M \pm 3,0\,\sigma$</td><td align="center">99,7%</td></tr>
</table>

Man kann daher, wenn man $M$ und $\sigma$ kennt, einen Wahrscheinlichkeitsschluß auf die Größe eines beliebigen Individuums der Variationsreihe ziehen; ein solches Individuum wird nämlich beispielsweise mit einer Wahrscheinlichkeit von rd. $^2/_3$ einen Größenwert besitzen, der innerhalb des einfachen Streuungsabstandes von $M$ liegt.

Man kann nun — und wir fügen das hier ein, weil wir in der Übung 8 darauf zurückkommen müssen — diesen Schluß auch umkehren. Wenn man nämlich von einem Individuum von bestimmter Variantengröße $V$ ausgeht und den Zahlenwert der Streuung kennt, so kann man auf die wahrscheinliche Größe von $M$ schließen; man kann sagen, daß der Mittelwert mit einer Wahrscheinlichkeit von fast 100% (99,7%) innerhalb der dreifachen Streuung, und daß er mit einer Wahrscheinlichkeit von rd. $^2/_3$ innerhalb des einfachen Streuungsabstandes, alles nun diesmal von dem individuellen Werte $V$ aus gemessen, liegt. In dieser Formulierung gibt also $\sigma$ ein **Maß der Wahrscheinlichkeit, mit der man von einem beliebigen individuellen Variantenwert aus einen Schluß auf den Wert von $M$ ziehen kann.** $M$ muß innerhalb der Grenzen $V \pm 3\sigma$ liegen.

*Konstruktion der Binomialkurve.* Für die Zwecke unserer Kursarbeit genügt folgende einfache Methode zur Konstruktion der Binomialkurve auf Millimeterpapier (Abb. 13): Rechts und links vom Punkte $M$ trägt man die Strecken $+0,5\sigma$, $+1,0\sigma$, $+1,5\sigma$ usw., $-0,5\sigma$, $-1,0\sigma$ usw. ab; man wählt zweckmäßig $\sigma = 3$ cm, also $0,5\sigma = 1,5$ cm. Man erhält so auf der Abszisse insgesamt 12 Teilstrecken von je $0,5\sigma$ ($= 1,5$ cm) Länge.

Über der Mitte einer jeden Teilstrecke trägt man die jeweils zugehörige theoretische Individuenzahl als Ordinate ab. Diese theoretischen Zahlen entnehmen wir der Tabelle 6a. Beispielsweise liegen zwischen $M$ und $\pm0,5\sigma$ 38,3 von 100 Individuen, d.h. zwischen $M$ und $0,5\sigma$ die Hälfte dieser Anzahl, also $\dfrac{38,3}{2}$, zwischen $M$ und $-0,5\sigma$ die andere Hälfte, ebenfalls $\dfrac{38,3}{2}$. Ebenso liegen zwischen $+0,5\sigma$ und $+1,0\sigma$ und entsprechend zwischen $-0,5\sigma$ und $-1,0\sigma$ je die Hälfte von 30,3 Individuen usw.

Wir wählen für unsere Kurvenkonstruktion zweckmäßig eine Strecke von 4 mm für 1 Individuum, tragen also z. B. zwischen $M$ und $+0,5\sigma$

$$4 \cdot \frac{38,3}{2} = 76,6 \text{ mm}$$

als Ordinatenlänge ab, zwischen $+0,5\sigma$ und $+1,0\sigma$ ebenso $4 \cdot \dfrac{30,0}{2} = 60,0$ mm usw. Wir tragen also mit anderen Worten je das **Doppelte** der in der Tab. 6a angegebenen Zahlen als Ordinatenlängen rechts und links vom Punkte $M$ ab.

Die 12 Ordinaten-Endpunkte, die wir auf dem Millimeterpapier markieren, lassen sich leicht aus freier Hand zum Bilde der Binomialkurve verbinden.

(Über die Konstruktion einer theoretischen Vergleichskurve zu einem empirischen Variationspolygon s. S. 34.)

*Formel der Streuung.* Die Formel der Streuung, die wir hier nicht ableiten können, lautet:

$$\sigma = \pm \sqrt{\frac{\Sigma p D^2}{n}}$$

In dieser Formel bezeichnet $D$ die Abweichung einer Variante $V$ vom Mittelwert $M$, mit anderen Worten, die Differenz zwischen Variante und Mittelwert. (Man verwechsle nicht $D =$ Abweichung einer Variante vom **wirklichen** Mittelwert $M$, mit $a =$ Abweichung einer Variante vom **angenommenen** Mittelwert $A$.) Dann ist $\Sigma p D^2 = p_1 D_1{}^2 + p_2 D_2{}^2 + p_3 D_3{}^2 + \ldots$ die Summe der Quadrate aller Abweichungen $(D)$ der einzelnen Individuengruppen $(p)$ vom Mittelwert $M$, also $\dfrac{\Sigma p D^2}{n}$ die durch die Individuengesamtzahl $(n)$ dividierte Summe, d. h. das auf das einzelne Individuum bezogene oder das **durchschnittliche** Abweichungsquadrat. Ebenso stellt die Wurzel aus diesem Quadrat

$$\sigma = \pm \sqrt{\frac{\Sigma p D^2}{n}}$$

eine auf das einzelne Individuum bezogene, eine durchschnittliche Abweichung dar, eben seine Standardabweichung. Über diese Formel ist zweierlei zu sagen.

1. Der Ausdruck $D^2$ spielt in dieser Formel eine Rolle. Nicht die Abweichung einer Variante vom Mittelwert als solche geht in die Rechnung ein, sondern das Quadrat dieses Wertes. Dadurch ist **der relative Einfluß einer Individuengruppe** $(p)$ **auf den Streuungswert um so stärker, je weiter ihre Variantenklasse vom Mittelwert entfernt liegt.** Das gilt für die links von $M$ gelegenen, mit negativem Vorzeichen versehenen Klassen genau ebenso wie für die positiven, da ja Quadrate stets ein positives Vorzeichen besitzen. Bei einer Entfernung $D = +3$ oder $-3$ wird die betreffende Individuenzahl bereits mit $D^2 = 9$ multipliziert usw. In der Formel $\sigma = \pm \sqrt{\dfrac{\Sigma p D^2}{n}}$ findet also die

spezielle Lage der einzelnen Variantenklasse, die Verteilung der Varianten über das Variationsfeld, besondere Berücksichtigung.

2. Der Ausdruck $\Sigma p D^2$ besitzt aber noch eine weitere Besonderheit. Wir erinnern uns, daß $\Sigma p D$, d.h. die Summe der Abweichungen ($D$) aller Varianten vom Mittelwert $= 0$ ist (vgl. S. 10). Die Summe der Quadrate dieser Abweichungen, also $\Sigma p D^2$, ist natürlich — als Summe von lauter Quadraten, die sämtlich ein $+$ tragen — ein positiver Wert. Aber sie ist der kleinste Wert unter allen denen, die man erhielte, wenn man die Summe der Abweichungsquadrate der Varianten von beliebigen sonst möglichen Punkten, also von allen nur möglichen angenommenen Mittelwerten $A$, errechnen würde; d.h. die zu dem wirklichen Mittelwert $M$ gehörige Abweichungsquadratsumme $\Sigma p D^2$ ist ein Minimum. Eine einfache Proberechnung, die man an Hand unseres schematischen Beispiels S. 10 vornehmen wolle, verdeutlicht das ohne weiteres.

*Vereinfachte Formel der Streuung.* Die Berechnung von $\sigma$ nach der Formel $\sigma = \pm \sqrt{\dfrac{\Sigma p\,D^2}{n}}$ wäre wieder sehr langwierig. Denn da $M$ im allgemeinen eine Dezimalzahl ist, so sind die $D$-Werte als Abweichungen von $M$ ebenfalls Dezimalzahlen. Deren Quadrate hätten schon die doppelte Zahl von Dezimalstellen usw. Daher berechnen wir $\sigma$ wiederum nach einer Methode, die von einem angenommenen Mittelwert $A$ ausgeht, wobei wir natürlich für $A$ denselben Zahlenwert wählen, den wir bereits bei der Berechnung von $M$ benutzt haben (vgl. S. 12). Die Abweichungen $a$ von einem angenommenen Wert $A$ sind ja immer (vgl. S. 13) ganze Zahlen, nämlich 1, 2, 3 usw., mit deren Quadraten 1, 4, 9 usw. leicht zu rechnen ist. Wir berechnen also zunächst wieder, von $A$ ausgehend, die Summe der Quadrate der Abweichungen, also $\Sigma p a^2$.

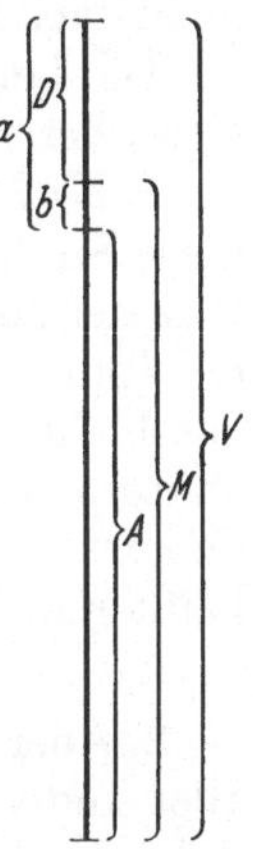

Abb. 14. Schematische Darstellung der Beziehungen zwischen dem wirklichen Mittelwert ($M$), dem angenommenen Mittelwert ($A$) und einem Variantenwert($V$).(Weitere Buchstabenerklärung im Text.)

Dabei erhalten wir nun — nach dem soeben Gesagten — einen Wert, der stets größer ist als $\Sigma p D^2$; denn dieser letztere Wert stellt ja ein Minimum dar. Wir müssen also einen bestimmten Betrag von $\Sigma p a^2$ abziehen, um $\Sigma p D^2$ zu erhalten.

Die Berechnung dieser Differenz ist nicht schwierig, wenn man sich unter Zuhilfenahme der beistehenden Zeichnung (Abb. 14) die einfache Beziehung klarmacht, die zwischen $D$ und $a$ besteht. Die Abweichung eines individuellen Variantenwertes $V$ vom wirklichen Mittelwert $M$ heißt $D$. Ist nun der angenommene Mittelwert $A$ beispielsweise etwas kleiner gewählt worden als $M$, so muß $a$ ($=$ die Abweichung der Variante $V$ von $A$) natürlich gerade um denjenigen Betrag größer als $D$ sein, um welchen $M$ größer ist als $A$. Dieser Unterschiedsbetrag aber zwischen $M$ und $A$ heißt $b$; wir kennen ja den Ausdruck $M = A + b$. Um diesen selben Betrag $b$ ist also $a$ größer als $D$, kurz ausgedrückt:

$$a = D + b.$$

Von dieser Gleichung ausgehend, führen wir folgende einfachen Operationen aus. Wir quadrieren zuerst die beiden Seiten der Gleichung und erhalten

$$a^2 = (D + b)^2 = D^2 + 2\,D\,b + b^2 \, .$$

Dann ist

$$\Sigma p a^2 = \Sigma p (D^2 + 2\,D\,b + b^2)$$
$$= \Sigma p D^2 + \Sigma p \cdot 2\,D\,b + \Sigma p b^2 \, .$$

Wir sehen ohne weiteres aus dieser Gleichung, daß die Abweichungsquadratsumme $\Sigma p a^2$, die sich auf den angenommenen Mittelwert $A$ bezieht, größer ist als die Abweichungsquadratsumme $\Sigma p D^2$, die sich auf den wirklichen Mittelwert $M$ bezieht; denn auf der rechten Seite der Gleichung muß zu $\Sigma p D^2$ noch etwas hinzukommen, damit das Ganze gleich der linksstehenden Quadratsumme $\Sigma p a^2$ wird.

Die beiden Summanden auf der rechten Seite der Gleichung lassen sich aber noch sehr vereinfachen.

1. $\Sigma p D$ ist ja die Summe aller Abweichungen $(D)$ vom Mittelwert $M$; diese Summe ist aber, wie wir wissen, $= 0$. Sie bleibt auch $= 0$, wenn jede der zu summierenden Abweichungen $D$ nicht bloß, wie in $\Sigma p D$, mit der Individuenzahl $p$, sondern außerdem auch noch, wie es in $\Sigma p \cdot 2 b \cdot D$ geschieht, mit der konstanten Größe $2 b$ multipliziert wird. Auch dieser letztere Wert also, d. h. der erste der zu $\Sigma p D^2$ zu addierenden Summanden, ist $= 0$. Wir können ihn somit aus der Gleichung streichen und diese heißt nun kürzer:

$$\Sigma p a^2 = \Sigma p D^2 + \Sigma p b^2.$$

2. Aber auch $\Sigma p b^2$ läßt sich einfacher schreiben; denn $\Sigma p$, die Summe aller Individuen, ist nichts anderes als $n$. Aus $\Sigma p b^2$ wird somit $n b^2$. Jetzt heißt unsere Formel:

$$\Sigma p a^2 = \Sigma p D^2 + n b^2.$$

Diese vereinfachte Gleichung dividieren wir, um endlich zur Streuungsformel $\sigma = \pm \sqrt{\dfrac{\Sigma p D^2}{n}}$ zu gelangen, durch $n$ und erhalten so:

$$\frac{\Sigma p a^2}{n} = \frac{\Sigma p D^2}{n} + \frac{n b^2}{n}$$

$$\frac{\Sigma p a^2}{n} = \frac{\Sigma p D^2}{n} + b^2,$$

also

$$\frac{\Sigma p D^2}{n} = \frac{\Sigma p a^2}{n} - b^2.$$

Der Betrag, der von $\dfrac{\Sigma p a^2}{n}$ subtrahiert werden muß, um $\dfrac{\Sigma p D^2}{n}$ zu ergeben, ist also $= b^2$. In die Streuungsformel kann daher statt $\dfrac{\Sigma p D^2}{n}$ der neu erhaltene Wert $\dfrac{\Sigma p a^2}{n} - b^2$ eingesetzt werden, und wir erhalten so die für die Rechnung viel günstigere Formel

$$\sigma = \pm \sqrt{\frac{\Sigma p a^2}{n} - b^2}$$

*Streuungsformel bei kontinuierlicher Variabilität; SHEPPARDsche Korrektur.* Die soeben abgeleitete Streuungsformel kann in dieser Form nur dort benutzt werden, wo wir es mit diskontinuierlicher Variabilität (vgl. S. 3) zu tun haben. Dort dagegen, wo wir es, wie in dem von uns bearbeiteten Falle, mit kontinuierlicher Variabilität zu tun haben, bedarf sie noch einer Korrektur, die mit der, wie wir S. 8 unten sahen, nicht ganz korrekten Einteilung des Materials in Variantenklassen zusammenhängt. Wenn wir z. B. (vgl. Tab. 1 S. 2) einer Variantenklasse, die 10 Individuen zwischen 16 und 17 mm Länge enthält, den Wert 16,5 beilegen, so machen wir stillschweigend die Annahme, es verteilten sich die Individuen innerhalb der Klassengrenzen 16 und 17 um diesen Wert 16,5 gleichmäßig zu beiden Seiten. In Wahrheit besitzt aber eine andere Annahme eine viel größere Wahrscheinlichkeit für sich: Wenn sich nämlich, wie wir S. 18 sahen, innerhalb des gesamten Variationsareals die Individuen nach dem Mittelwert $M$ zu mehr und mehr häufen, so muß auch innerhalb jeder einzelnen Teilstrecke des Gesamtareals — und solche Teilstrecken sind ja in den Spielräumen der Variantenklassen gegeben — eine ungleichmäßige Verteilung der Individuen herrschen; es muß nämlich in demjenigen Hälfteraum jeder Klasse, die dem Gesamtmittelwert $M$ näher gelegen ist, ein Plus an Individuen gegenüber dem anderen Hälfteraum vorhanden sein. Es müssen also in den links vom Mittelwert gelegenen Klassen mehr Individuen, als unserer ersten, zu einfachen Annahme entspricht, in den rechten Hälften der Klassen gelegen sein, während in den rechts vom Mittelwert gelegenen Klassen mehr Individuen in den linken Klassenhälften liegen müssen. Es würden also alle links vom Mittelwert liegenden Klassen einen etwas größeren Klassenwert erhalten müssen, umgekehrt alle rechts gelegenen Klassen einen etwas kleineren.

In die Berechnung der Streuung geht der durch unsere Klasseneinteilung begangene Fehler in verstärktem Maße hinein. Denn wenn der Wert $\Sigma p\, D^2$ gebildet wird, also die auf unsere Klassenwerte bezüglichen $D$-Werte quadriert werden, so werden sowohl die negativen als auch die positiven Einteilungsfehler mit quadriert und gehen daher als stets positive Zahlen in den Wert $\Sigma p\, D^2$ ein. Dieser Wert wird also notwendigerweise etwas größer errechnet werden müssen, als er tatsächlich ist.

Zur Ausschaltung dieses Fehlers, der übrigens bei Einteilung des Materials in zahlreiche Klassen unbedeutend ist, dient die sog. SHEPPARDsche Korrektur. Sie besteht darin, daß man von dem Werte $\dfrac{\Sigma p a^2}{n} - b^2$ einen Betrag subtrahiert, der den durch die Klasseneinteilung in den Streuungswert hineingekommenen Mehrbetrag kompensiert. Dieser Kompensationswert beträgt ein Zwölftel des zum Quadrat erhobenen Wertes eines Klassenspielraums. Da nun bei Benutzung unserer Berechnungsformel der Klassenspielraum stets die Größe 1 hat, so hat die Zahl, die wir subtrahieren müssen, die Größe $\frac{1}{12} \cdot 1^2 = \frac{1}{12} = 0,0833$.

Die Streuungsformel bei kontinuierlicher Variabilität lautet also

$$\sigma = \pm\sqrt{\frac{\Sigma p\, D^2}{n} - 0,0833}$$

oder in der unmittelbar zur Berechnung geeigneten Form

$$\sigma = \pm \sqrt{\frac{\Sigma p\,a^2}{n} - b^2 - 0{,}0833}\ .$$

*Praktische Benutzung der Formel für $\sigma$.* Wir gehen von der gleichen um $A$ umgeknickten Variationsreihe aus, die wir bei der Berechnung des Mittelwertes (vgl. S. 13) benutzten, also von der Tabelle

| $a$ | 1 | 2 | 3 | 4 | 5 | 6 | 7 |
|---|---|---|---|---|---|---|---|
| $p$ $\{$ + | 18 | 11 | 7 | ÷ | ÷ | ÷ | 1 |
| $\ $ − | 16 | 10 | 9 | 3 | 1 | 1 | ÷ |

Die jetzige Rechnung unterscheidet sich indes von der damaligen dadurch, daß wir nicht die Summe der Abweichungen, sondern die Summe der Quadrate der Abweichungen zu berechnen haben. Da aber jedes Quadrat eine positive Zahl ist, so fällt der Unterschied im Vorzeichen zwischen den Variantenklassen der oberen und denen der unteren Reihe unserer Tabelle fort. In unserer Tabelle weichen 18 Varianten um $(+1)^2$, 16 Varianten um $(-1)^2$ ab; für $18 + 16 = 34$ Bohnen ist also das Abweichungsquadrat $a^2 = +1$. Für $11 + 10 = 21$ Bohnen ist $a^2 = 4$, für $7 + 9 = 16$ Bohnen $a^2 = 9$ usw.

| $a =$ | 1 | 2 | 3 | 4 | 5 | 6 | 7 |
|---|---|---|---|---|---|---|---|
| $p$ $\{$ | 18 | 11 | 7 | ÷ | ÷ | ÷ | 1 |
| $\ $ | 16 | 10 | 9 | 3 | 1 | 1 | ÷ |
| zusammen | 34 | 21 | 16 | 3 | 1 | 1 | 1 |
| $a^2 =$ | 1 | 4 | 9 | 16 | 25 | 36 | 49 |

$$
\begin{aligned}
34 \cdot 1 &= 34\\
21 \cdot 4 &= 84\\
16 \cdot 9 &= 144\\
3 \cdot 16 &= 48\\
1 \cdot 25 &= 25\\
1 \cdot 36 &= 36\\
1 \cdot 49 &= 49\\
\hline
\Sigma p\,a^2 &= 420
\end{aligned}
$$

In unserer jetzigen Tabelle werden also die Individuen je zweier Variantenklassen vom gleichen Zahlenwert zusammengezählt.

Wir erleichtern uns unsere Rechenarbeit, indem wir die Werte für $a^2 = 1$, 4, 9 usw. als unterste Reihe in die Tabelle hineinsetzen, und tabulieren nun die einzelnen $p \cdot a^2$-Werte folgendermaßen (siehe nebenstehende Zusammenstellung).

Diese Abweichungsquadratsumme haben wir wieder durch die Individuenzahl $n$ zu dividieren (in unserem Falle $n = 100$):

$$\frac{\Sigma p\,a^2}{n} = \frac{420}{100} = 4{,}20.$$

Dann ziehen wir $b^2$ ab; den Wert für $b$ kennen wir ja bereits von der Mittelwertbestimmung her (s. S. 13) und brauchen ihn also nur noch zu quadrieren:

$$b = -0{,}18$$

$$b^2 = 0{,}0324$$

$$\frac{\Sigma p\,a^2}{n} - b^2 = 4{,}20 - 0{,}0324 = 4{,}1676\ .$$

Von dieser Zahl müssen wir nun noch, da ja bei kontinuierlicher Variation eine SHEPPARDsche Korrektur notwendig ist, 0,0833 subtrahieren:

$$\frac{\Sigma\,p\,a^2}{n} - b^2 - 0,0833 = 4,1676 - 0,0833 = 4,0843\,.$$

Schließlich ziehen wir aus dem Ganzen die Wurzel und erhalten damit den zahlenmäßigen Wert der Streuung:

$$\sigma = \pm\,\sqrt{\frac{\Sigma\,p\,a^2}{n} - b^2 - 0,083} = \pm\,\sqrt{4,0843}$$

$$\sigma = \pm\,2,02,\ \text{abgekürzt}\ \sigma = \pm\,2,0\,.$$

Ein Teil der Rechnung läßt sich logarithmisch — bzw. mittels Rechenschiebers — ausführen; die Subtraktion von $b^2$ und die SHEPPARDsche

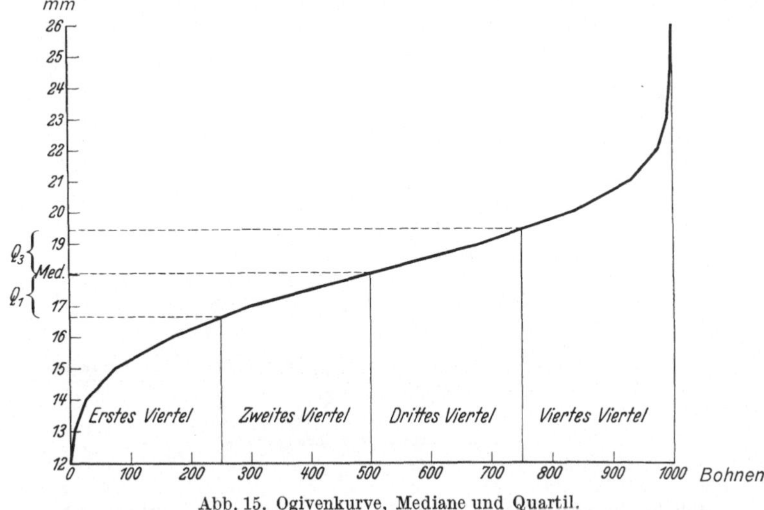

Abb. 15. Ogivenkurve, Mediane und Quartil.

Korrektur können aber natürlich nicht auf diese Weise ausgeführt werden.

*Variationskoeffizient.* Wenn man die Streuungen mehrerer Variationsreihen miteinander vergleichen will, so erweist sich oft der sog. Variationskoeffizient als brauchbarer als der Streuungswert. Dieser ist ja, ebenso wie der Mittelwert, eine benannte Zahl. Für einen Vergleich zieht man aber solchem absoluten Zahlenwert einen relativen Zahlenwert vor. Diesen erhält man dadurch, daß man die Streuung $\sigma$ in Beziehung zum Mittelwert der Variationsreihe setzt, also den Quotienten $\frac{\sigma}{M}$ bildet.

Multipliziert man $\frac{\sigma}{M}$ mit 100, so erhält man den Variationskoeffizienten

$$v = \frac{100\,\sigma}{M}\,.$$

Der Variationskoeffizient $v$ gibt also die Größe der Streuung in Prozenten des Mittelwerts an.

### Anhang zu Übung 3.

#### *Quartil.*

In der Ogivenkurve (Abb. 4, 5) lassen sich außer der Mediane, die (vgl. S. 7) die Individuengesamtheit hälftet, noch zwei weitere Linien ziehen, die die beiden Individuenhälften abermals in je zwei gleiche Teile zerlegen. Wir haben dann drei Linien, die angeben, bis zu welchem Variantenwerte ein Viertel, zwei Viertel und drei Viertel aller Individuen reichen (Abb. 15, 16). Die für diese Viertelgruppen geltenden Grenzmaße

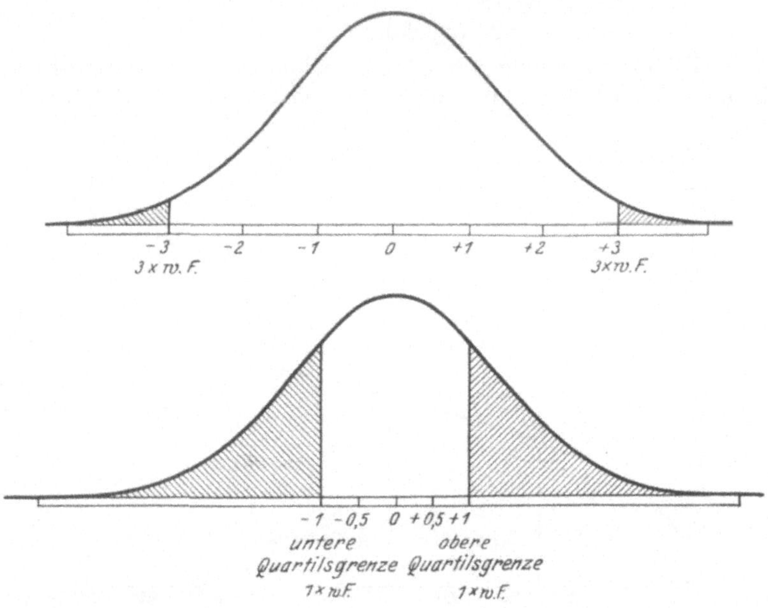


Abb. 16. Binomialkurve mit eingezeichneten Quartilsgrenzen (bzw. wahrsch. Fehlergrenzen). (Nach R. PEARL aus R. GOLDSCHMIDT.)

können an den Fußpunkten der von den betreffenden Kurvenschnittpunkten auf die Y-Achse gefällten Loten, also an den Endpunkten der als $Q_1$ und $Q_3$ bezeichneten Strecken abgelesen werden.

Wir können nunmehr sagen: Innerhalb der Strecken $Q_1$ und $Q_3$ liegen die Variantenwerte derjenigen Individuenhälfte, die dem typischen Wert der Gesamtheit, dem Werte *Med*, am nächsten kommt. Mit anderen Worten: Der Variationsspielraum der vom typischen Wert am wenigsten abweichenden, der diesen Wert also am genauesten repräsentierenden Individuenhälfte ist durch $Q_1$ und $Q_3$ gegeben.

Wenn man diesen „Hälftespielraum" $(Q_3 - Q_1)$ halbiert, also den Viertelspielraum oder das Quartil (Q) bildet

$$Q = \frac{Q_3 - Q_1}{2}$$

so erhält man damit ein Variationsmaß, das in Beziehung zur Mediane ähnliche Dienste leistet wie die Streuung in Beziehung zum Mittelwert.

Statt $M \pm \sigma$ zu berechnen, wie wir es getan haben, kann man auch $Med \pm Q$ berechnen, wie es in der englisch geschriebenen Literatur gern geschieht. Man kann schließlich auch mit $M \pm Q$ arbeiten, da die Größe des Quartilwertes ja nur durch die „mittlere" Individuenhälfte bestimmt wird, nicht aber durch den Wert von $Med$ oder von $M$.

Die Individuenverteilung über das Variationsfeld, wie sie sich auf Grund des Quartil-Maßes für die Binomialkurve ergibt, läßt sich aus der folgenden Tabelle ablesen, die der Tab. 6b S. 19 analog ist (vgl. auch Abb. 16 mit Abb. 13).

Bei Betrachtung dieser Tab. 7 leuchtet sofort ein, daß die **Streuung** insofern als das **geeignetere Variationsmaß** bezeichnet werden muß, als sie in ihren Grenzen mehr als **zwei Drittel** der Individuenvariation umfaßt, das Quartil dagegen nur die **Hälfte** derselben. Der Geltungsbereich der Streuung ist also beträchtlich größer als derjenige des Quartils.

Tab. 7.

| Es liegen innerhalb | Individuen |
|---|---|
| $M \pm Q$ | 50,0% |
| $M \pm 2\,Q$ | 82,3% |
| $M \pm 3\,Q$ | 95,7% |
| $M \pm 4\,Q$ | 99,3% |
| $M \pm 5\,Q$ | 99,9% |

Indessen stehen die beiden Maße, die sich ja auf ein- und dieselbe Kurve beziehen, untereinander natürlich in einem festen zahlenmäßigen Verhältnis; es ist nämlich

$$Q = 0{,}6745 \, \sigma$$

bzw., da
$$1 : 0{,}6745 = 1{,}4826 \, ,$$

$$\sigma = 1{,}4826 \, Q \, .$$

## Übung 4.

### Zufallsapparat. Schiefheit.

*Versuchsanordnung.* Als Zufallsapparat (Abb. 17) dient ein rechteckiger flacher Kasten, in dessen mittlere Bodenfläche Reihen von Nägeln so eingeschlagen sind, daß in den aufeinanderfolgenden Querreihen die Nägel alternierend stehen. Die Abstände zwischen den Nägeln sind dabei so groß gewählt, daß eine Glasperle oder Schrotkugel gerade zwischen ihnen hindurchlaufen kann. Am unteren Ende des Kastens schließen sich an die Nägelreihen eine Anzahl entsprechend schmaler Holzfächer, während am oberen Ende ein trichterförmiger Kugeleinlauf eingesetzt ist. Das Ganze ist mit einer Glasscheibe zugedeckt.

Der Versuch besteht darin, daß bei schräggestelltem Kasten eine größere Reihe von Kugeln durch die Trichteröffnung eingefüllt werden.

*Versuchsergebnis.* Die Kugeln sammeln sich in den Fächern in einer Mengenverteilung an, die einer idealen Variationskurve angenähert ist. Die Individuenzahlen der einzelnen Fächer lassen sich leicht auszählen: man kann auch Mittelwert ($M$) und Streuung ($\sigma$) berechnen.

*Biologische Ausdeutung des Versuchs.*

1. *Binomialkurve als Zufallskurve.* Wenn eine Glasperle zwischen zwei Nägeln einer Reihe hindurchläuft, so stößt sie sofort wieder auf

einen Nagel, springt — rechts oder links — an diesem vorbei, findet abermals Widerstand an einem Nagel der folgenden Reihe usw. Nur selten nun wird eine Perle Sprung für Sprung nach der gleichen Seite ausführen; der häufigste Fall wird vielmehr der sein, daß eine Kugel in einem Teil von Malen nach der einen Seite hin ausweicht, in den anderen Malen nach der entgegengesetzten Seite hin. In welcher Weise sich die einzelne Kugel an jedem Punkte ihres Weges verhalten wird, läßt sich nicht vorhersagen: der Einzelweg einer Kugel erscheint als „zufällig". Indem aber alle diese „Zufälligkeiten" sich summieren, kommt insgesamt eine Verteilung zustande, die dem Binom $(1+1)^\infty$ weitgehend entspricht.

Umgekehrt kann daher auf Grund der Übereinstimmung einer empirischen Verteilung mit der Binomialkurve die Annahme gemacht werden, daß die für das Zustandekommen des betreffenden Merkmals jeweils verantwortlichen Bedingungssituationen innerhalb der Gesamtheit der untersuchten Individuen gemäß den Gesetzen der Wahrscheinlichkeit quantitativ abgestuft sind.

2. *Äußere und innere Bedingungen.* Über den Charakter der Bedingungen, die also in regelmäßiger quantitativer Abstufung angenommen werden dürfen, ist damit indessen noch nichts ausgesagt.

Abb. 17. Zufallsapparat. (Nach R. GOLDSCHMIDT.)

Es können ebensowohl äußere Bedingungen, wie innere Bedingungen, wie auch beiderlei zusammen sein.

Da die sämtlichen Glasperlen theoretisch als einander völlig gleichwertig angesehen werden können — in Wirklichkeit zeigen sie ja individuelle Verschiedenheiten, sind also keine „idealen" Kugeln —, so kann die Art der Verteilung der Kugeln in unserem Versuch als das Ergebnis all der von außen her die einzelnen Kugeln treffenden Widerstände betrachtet werden. In gleicher Weise kann ein biologisches Material, das eine binomiale Variation aufweist, aufgefaßt werden als eine Summe erbgleicher Individuen — d.h. also solcher Individuen, die gleiche erbbedingte Reaktionsmöglichkeiten besitzen —, auf die die Umwelteinflüsse nach „Zufallsgesetzen" eingewirkt haben. Auch dem sich entwickelnden Organismus stemmen sich ja eine Fülle von Widerständen und Einflüssen entgegen, die er überwinden, auf die er reagieren muß. Daß ein Organismus alle Bedingungen seiner Existenz (Temperatur, Nahrung, Bodenbeschaffenheit usw.) optimal antrifft, ist offenbar ein seltener Fall, und wieder wird der häufigste darin gegeben sein, daß ein Teil der Bedingungen fördernd, ein Teil hemmend auf den Organismus einwirkt. Die binomiale Variationskurve (GALTONkurve,

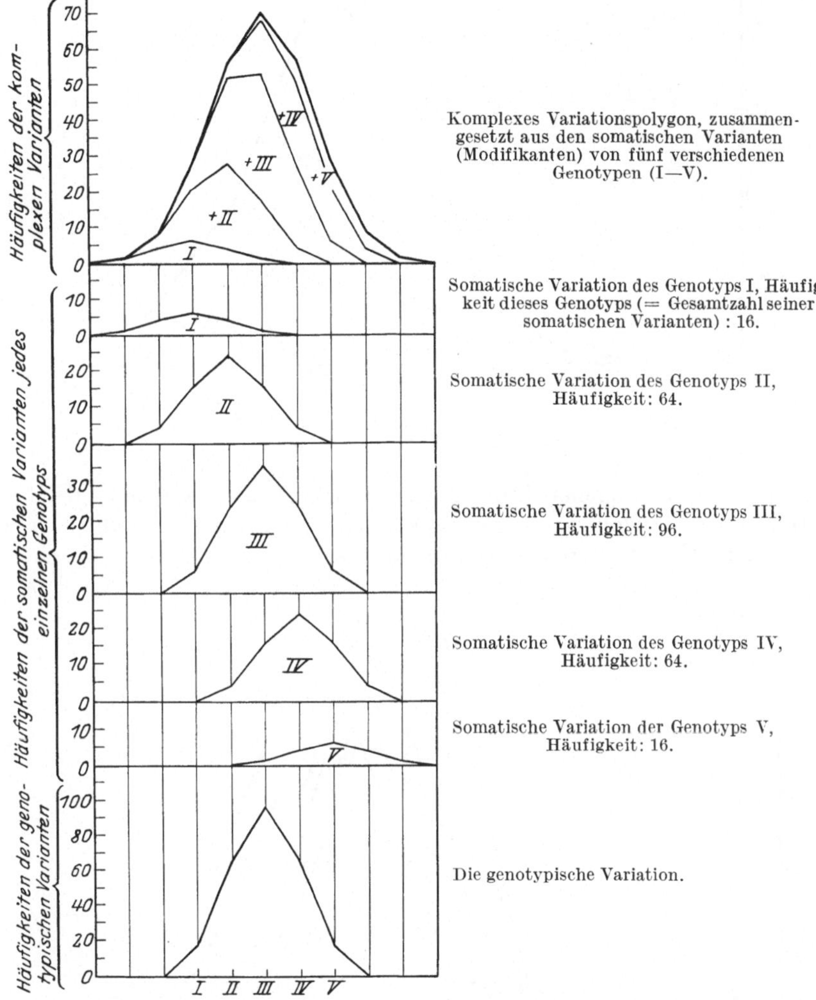


Abb. 18. Auflösung eines komplexen Variationspolygons, Schema. (Nach W. HERBST.)

Zufallskurve) kann also eine Gesamtheit individueller Reaktionsprodukte aus *gleicher* Reaktionsmöglichkeit und *wechselnder* äußerer Bedingungslage widerspiegeln. Um diese Abhängigkeit der individuellen Gestaltung erbgleicher Individuen von den Umweltfaktoren zu kennzeichnen, spricht man von Modifizierbarkeit = Umweltbeeinflußbarkeit und von Modifikation = Umweltgeprägtwerden oder Umweltgeprägtheit einer Eigenschaft bzw. eines Individuums.

Ein binomial verteiltes biologisches Material kann also eine Summe erbgleicher (genotypisch identischer oder „isogener") Individuen — eine

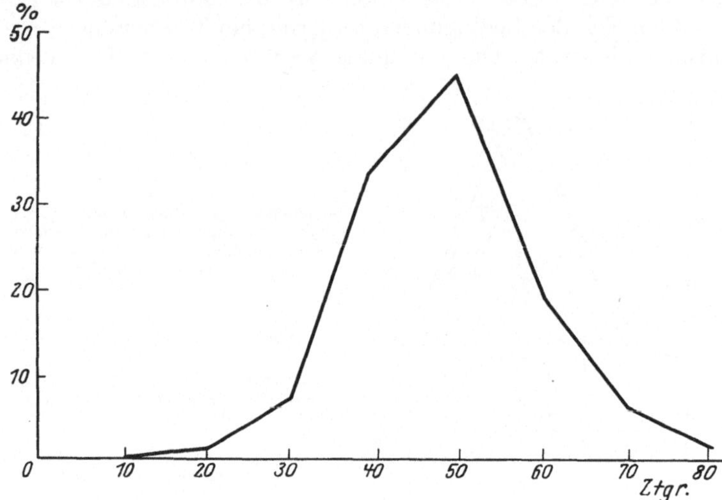

Abb. 19a. Variationspolygon des Gewichts von 5494 Prinzeßbohnen. (Nach W. Johannsen aus W. Scheidt.)

solche Gruppe isogener Individuen bezeichnet man als dem gleichen „Biotypus" zugehörig — repräsentieren. Es muß aber nicht — und darf nicht ohne weiteres — so aufgefaßt werden.

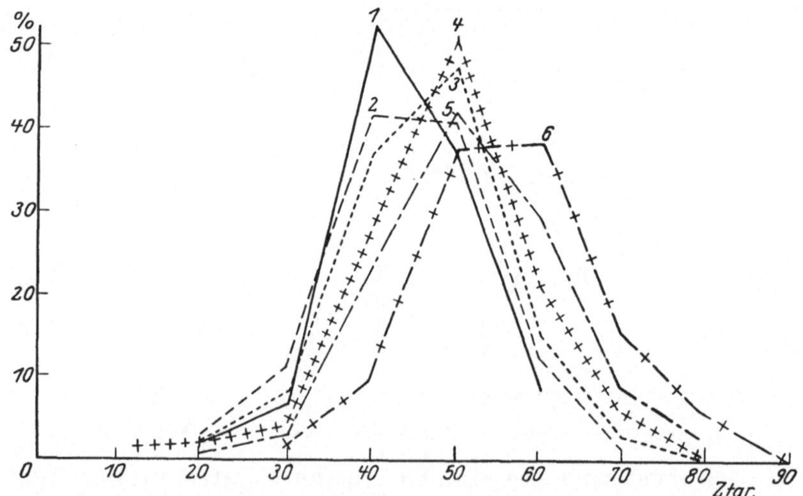

Abb. 19b. Das gleiche Material wie in Abb. 19a, nach dem Gewicht der Muttersamen in sechs Gruppen geteilt; in jeder dieser sechs Nachkommengruppen sind wieder Bohnen aus mehreren oder vielen reinen Linien zusammengefaßt. (Nach W. Johannsen aus W. Scheidt.)

Vielmehr handelt es sich im allgemeinen um ein Gemenge mehrerer in sich erbeinheitlicher Individuengruppen (eine „Population" aus mehreren Biotypen); hinter der binomialen Kurve, die sich bei der

Untersuchung einer solchen Population ergibt, verbergen sich die Variations-Kurven der einzelnen Biotypen. Anders ausgedrückt: Die mehr oder weniger der Binomialität entsprechenden Einzelkurven haben sich zu einer Gesamtkurve übereinandergelegt, die binomialen Charakter trägt. Einfachheit des Polygons ist also nicht etwa gleichbedeutend mit Einfachheit des zugrunde liegenden Materials.

Abb. 18 erläutert das schematisch, die Abb. 19 u. 20 an zwei einfachen Beispielen.

Trennt man z. B. die 512 Kinder, deren Hornhautdurchmesser in der außerordentlich schönen Binomialkurve der Abb. 20 a wiedergegeben ist, in Knaben

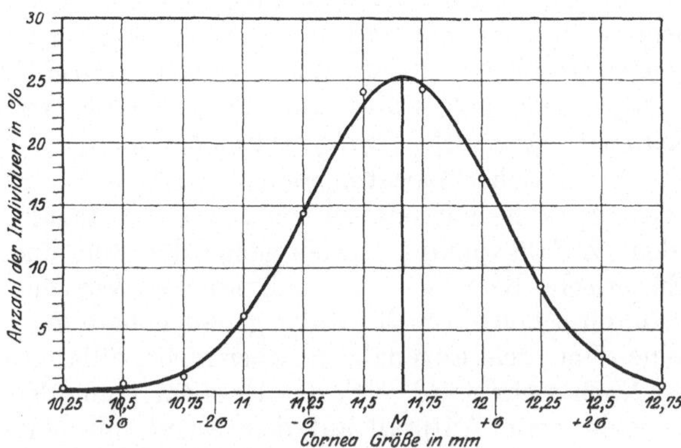

Abb. 20a. Horizontaldurchmesser der Hornhaut von 512 Kindern (= 1024 Augen) im Alter von 5—16 Jahren. (Nach R. Peter.)

 ○ gefundene Häufigkeitswerte
 —— binomiale Vergleichskurve
  $M = 11{,}67$ mm.
  $\sigma = 0{,}39$ mm.

und Mädchen, so ergeben sich die beiden Polygone der Abb. 20 b. Beide Abbildungen geben die tatsächlich vorliegenden Verhältnisse genau wieder; nur ist in die Gesamtkurve der Faktor des Geschlechts, der für das Wachstum der Hornhaut nicht bedeutungslos ist, als eine Wachstumskomponente mit einbezogen, während diese eine Komponente in der zweiten Darstellung ausgeschaltet ist und nur der Rest der natürlich immer noch zahlreichen Komponenten, die auf das Wachstum Einfluß nehmen, zur Darstellung kommt.

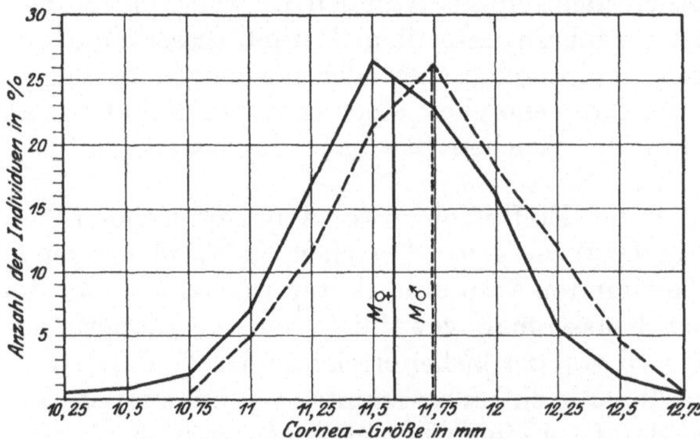

Abb. 20 b. Hornhautdurchmesser der 512 Kinder nach Geschlechtern getrennt. (Nach R. Peter.)

 —————— Mädchen, 534 Augen ($M = 11{,}59$ mm)
 — — — Knaben, 490 Augen ($M = 11{,}74$ mm).

*3 Mathematische und biologische Analyse.* Welche der vorstehend genannten Möglichkeiten im Einzelfalle verwirklicht ist, kann aber nicht etwa mittels einer variationsstatistischen Arbeit, wie wir sie bisher kennen lernten, entschieden werden. Solche Arbeit ermöglicht eine sozusagen geläuterte Darstellung des Materials, die der weiteren Arbeit als sichere Grundlage dienen kann; was aber hinter den Zahlen steckt, was sie biologisch bedeuten, ergibt sich durch die rechnerische Arbeit noch nicht.

Vielmehr stellt die rechnerische Arbeit nur eine notwendige Vorarbeit für die nun folgende biologische Arbeit dar. Diese kann doppelten Charakters sein. Entweder vergleicht man mehrere empirische Variationspolygone unter biologischen Gesichtspunkten. So zeigt etwa der Vergleich der beiden Teilpolygone der Abb. 20b, daß Knaben eine durchschnittlich größere Hornhaut besitzen als Mädchen. Oder man klärt die Verhältnisse statt durch vergleichende Arbeit durch experimentelle (Übung 5, 6). Wo nur irgend möglich, wählt man den letzteren Weg.

*4. Schiefheit der Variationskurve. a) Physiologisch bedingte Schiefheit.* Eine Besonderheit biologischer Variationsreihen verdient in diesem Zusammenhang besonders hervorgehoben zu werden. „Ideale" Kugeln in einem „idealen" Zufallsapparat würden genau das Bild einer Zufallskurve geben. Empirische Kugeln — mit individuellen Verschiedenheiten — in einem empirischen — nicht völlig genau gebauten — Zufallsapparat geben eine dem Ideal angenäherte, aber nicht völlig mit ihm identische Kurve[1]. Noch mehr würde sich das Resultat vom Ideal entfernen, wenn die Kugeln beim Aufprall auf den Nagel mit einer „Reaktion" antworteten, die sie nicht nur, sagen wir, nach rechts springen, sondern die sie zugleich eine Änderung ihrer inneren Struktur erleiden ließe, welche beim zweiten Aufprall auf einen Nagel einen Sprung wieder nach rechts begünstigte[1]. Wenn bei jedem Sprung nach rechts eine solche Reaktion einträte, beim Sprung nach links dagegen ausbliebe, so entstände statt einer symmetrischen Verteilung der Kugeln in den Fächern eine schiefe Verteilung, indem die Rechtsfächer zu stark, die Linksfächer zu wenig angefüllt wären. In einer ähnlichen Situation wie die gedachten Kugeln befinden sich aber die Organismen; sie werden nicht einfach von den Umweltfaktoren hin- und hergeworfen, sondern erfahren unter dem Einfluß dieser Faktoren zumeist Änderungen ihres — physiologischen oder morphogenetischen — Zustandes, so daß bei der Notwendigkeit einer erneuten Reaktion ein anderer Organismus auf die gleichen bzw. auf die neuen Einflüsse reagiert.

Beispielsweise wird sich der Einfluß eines wachstumsfördernden Umweltreizes nicht einfach in der Weise geltend machen, daß das betreffende Individuum um einen bestimmten absoluten Betrag wächst — etwa um 1 mm, so wie wir unser Klassenmaß gewählt haben —, sondern das Ausmaß des Zuwachses wird von der bisher erreichten Größe des Individuums abhängig sein, zu dieser in einem bestimmten Verhältnis stehen. Der gleiche Reiz wird dann bei einem bereits etwas größeren Individuum z. B. einen größeren Zuwachs auslösen als bei einem kleineren, obwohl die relative Wachstumsenergie, die beide Individuen aufwenden, die gleiche wäre. In solchem Falle trägt die Zerlegung der Variationsstrecke in Klassenareale von rechnerisch gleicher Größe einen durchaus künstlichen Charakter; eine den biologischen Vorgängen entsprechende Klasseneinteilung müßte vielmehr den Klassenspielraum von links nach rechts fortschreitend in dem betreffenden Ausmaß kleiner werden lassen,

---

[1] Vgl. hierzu die Anm. im Literaturnachweis!

wobei dann jedes folgende Klassenareal immer in dem gleichen Zahlenverhältnis zum vorhergehenden stände. Da wir aber in Unkenntnis der betreffenden Wachstumsgesetzmäßigkeit die Klassenspielräume untereinander gleich groß wählen müssen, so dehnt sich das Variationsfeld vom Fußpunkt des Polygongipfels aus nach rechts weiter aus als nach links, d. h. das Variationspolygon ist schief (Abb. 27). Die Schiefheit stellt also hier eine „Verschiebung" der Umwelteinwirkungs-Symmetrie durch den Organismus selbst dar.

Eine in solcher Weise zu verstehende Schiefheit von mehr oder weniger großer Deutlichkeit findet sich häufig, gerade dort, wo es sich um die Variation einer Gruppe erbidentischer Individuen (z.B. einer reinen Linie) handelt.

*b) Scheinbare Schiefheit.* Eine künstliche Schiefheit ganz anderer Art kann durch unzweckmäßige Wahl der Klasseneinteilung zustande kommen; eine solche scheinbare Schiefheit fällt fort, wenn man die Variationsstrecke neu so einteilt, daß der Mittelwert $M$ in die Mitte einer Variantenklasse oder aber auf die Grenze zwischen zwei Klassen fällt.

*c) Schiefheit bei Populationen.* Schiefheit des Variationsbildes kann auch bei der Untersuchung einer Population auftreten. Haben beispielsweise in einer solchen die einzelnen Biotypen eine sehr verschiedene Häufigkeit (Abb. 18), so kann es geschehen, daß sich die Einzelvariationskurven gegenseitig nicht mehr zu einer Binomialkurve „kompensieren", sondern die Gesamtkurve Schiefheit zeigt. Umgekehrt können sich mehrere schiefe Kurven zu einer mehr oder weniger binomialen Kurve kompensieren. Das unter 3 Gesagte gilt auch hier.

*d) Formel der Schiefheit.* Die Schiefheit läßt sich mittels der Schiefheitsziffer $S$ zahlenmäßig ausdrücken; bei der geringen Bedeutung einer solchen Berechnung begnügen wir uns damit, ihre Formel mitzuteilen:

$$S = \frac{\Sigma p\, D^3}{n \cdot \sigma^3}$$

In dieser Formel ist die dritte Potenz der Abweichungen ($D$) der individuellen Variantenwerte vom Mittelwert in Beziehung zur dritten Potenz der Streuung gesetzt. Für die praktische Arbeit benutzt man eine aus dieser Formel umgeformte Berechnungsformel:

$$S = \left( \frac{\Sigma p\, a^3}{n} - 3\,b \cdot \frac{\Sigma p\, a^2}{n} + 2\,b^3 \right) : \sigma^3$$

Eine andere Schiefheitsformel hat LENZ angegeben. Seine Schiefheitsziffer wird nach der Formel berechnet

$$\frac{4\,(\eta_1 - \eta_2)}{M} \; .$$

In dieser Formel bedeutet $\eta_1$ die durchschnittliche Abweichung der Varianten von einem Punkte, der um $e = \dfrac{\Sigma p D}{n}$ nach links von $M$ liegt, $\eta_2$ die durchschnittliche Abweichung von dem entsprechenden nach rechts gelegenen Punkte, wobei sämtliche Abweichungen positiv gerechnet werden.

## Anhang zu Übung 4.
### Vergleich der Übereinstimmung eines empirischen Variationspolygons mit der Binomialkurve.

Ob zwischen einem empirischen Variationspolygon und der theoretischen Binomialkurve eine größere oder geringere Übereinstimmung besteht, bzw. ob sich schwächere oder stärkere Abweichungen von dieser Kurvenform finden, kann man anschaulich prüfen, indem man um den Mittelwert des Variationspolygons die zugehörige Binomialkurve konstruiert (Abb. 20a, 21).

(Vor der Lektüre des folgenden vergegenwärtige man sich nochmals genau das S. 19 Ausgeführte!)

Zu diesem Zweck trägt man zunächst den mittels unserer Formel errechneten Wert von $\dfrac{\sigma}{2}$ — und zwar natürlich in dem beim Entwurf des

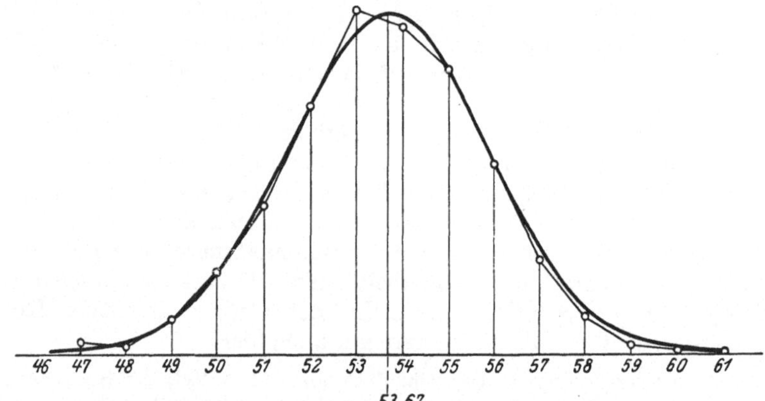



Abb. 21. Variationspolygon der Zahl der Schwanzflossenstrahlen von 703 Butten (*Pleuronectes*), verglichen mit der Binomialkurve. (Nach W. JOHANNSEN.)

Polygons für die Klassengröße gewählten Zeichnungsmaß — auf der Abszisse ab, um rechts und links vom Punkte $M$ die Punkte $+0{,}5\sigma$, $+1{,}0\sigma$ usw. zu markieren.

Um auch die Ordinaten-Endpunkte (vgl. S. 20) markieren zu können, muß man in allen denjenigen Fällen, in denen die untersuchte Individuenzahl ($n$) nicht gerade genau = 100 oder = 1000 o. ä. ist, die theoretischen Zahlen der Tab. 6a, S. 19 auf die empirische Individuenzahl $n$ des Variationsmaterials umrechnen, was durch einfache Multiplikation mit $\dfrac{n}{100}$ geschieht. Beträgt beispielsweise die Zahl der untersuchten Exemplare 161, so hätten wir folgende, der leichteren Übersicht halber tabellarisch gegebene Umrechnung auszuführen:

| Es liegen zwischen | und | von 100 Individuen | von 161 Individuen | also jederseits von $M$ |
|---|---|---|---|---|
| $M$ | $\pm\,0{,}5\,\sigma$ | 38,3 | $0{,}383 \cdot 161 = 61{,}66$ | 61,66 : 2 |
| $\pm\,0{,}5\,\sigma$ | $\pm\,1{,}0\,\sigma$ | 30,0 | $0{,}300 \cdot 161 = 48{,}30$ | 48,30 : 2 |
| $\pm\,1{,}0\,\sigma$ | $\pm\,1{.}5\,\sigma$ | 18,3 | $0{,}183 \cdot 161 = 29{,}46$ | 29,46 : 2 |
| $\pm\,1{,}5\,\sigma$ | $\pm\,2{.}0\,\sigma$ | 8,9 | $0{,}089 \cdot 161 = 14{,}33$ | 14,33 : 2 |
| $\pm\,2{,}0\,\sigma$ | $\pm\,2{,}5\,\sigma$ | 3.3 | $0{,}033 \cdot 161 = \phantom{0}5{,}31$ | 5,31 : 2 |
| $\pm\,2{,}5\,\sigma$ | $\pm\,3{,}0\,\sigma$ | 0,9 | $0{,}009 \cdot 161 = \phantom{0}1{,}45$ | 1,45 : 2 |

Diese Zahlenwerte für die Ordinatenlängen sind in Maßeinheiten der Polygon-Ordinaten ($1 = x$ mm) für die Zeichnung zu benutzen.

## Übung 5.
## Versuche über quantitative und qualitative Variabilität. I.

### *Material und Aufgabe.*

Immer je drei (bis fünf) Teilnehmer erhalten ein Zuchtgefäß, das zahlreiche ältere Raupen der Mehlmotte (*Ephestia Kuehniella*) enthält. Außerdem erhält jeder Teilnehmer einige möglichst frisch geschlüpfte Weibchen und Männchen der Mehlmotten-Schlupfwespe *Habrobracon juglandis*.

Die Abhängigkeit der Größe und der Färbung der Imagines von *Habrobracon* von der Temperatur während der Entwicklung ist zu untersuchen.

### *Durchführung des Versuchs.*

Man halte eine Kultur bei Zimmertemperatur, eine zweite im Wärmeschrank bei höherer Temperatur (30—35°C). Besteht die Möglichkeit, sogar mehrere Temperaturen auf ihren Einfluß zu prüfen, um so besser! Unterhalb 15°C legen die Weibchen nicht mehr ab und schlüpfen auch die Larven nicht mehr.

### *Versuchstechnik.*

Die Larven von *Habrobracon juglandis* entwickeln sich (normalerweise) in den ausgewachsenen Raupen der Mehlmotte (*Ephestia kuehniella*), an die (bzw. in deren unmittelbarer Nähe) die *Habrobracon*-Weibchen ihre Eier ablegen. Jede experimentelle Arbeit mit *Habrobracon* setzt daher das Vorhandensein einer Mehlmottenzucht voraus, die genügend groß sein muß, um jeweils die notwendige Anzahl von Raupen zur Verfügung stellen zu können.

Die Mehlmottenzucht selbst ist denkbar einfach. Sie geschieht bei Zimmertemperatur. Als Zuchtgefäße benutzt man größere Glasschalen, Einmachgläser o. ä., deren Boden 1—2 cm hoch mit Haferflocken oder Roggenmehl bedeckt ist. In diese Gläser bringt man frischgeschlüpfte Mehlmotten. Man verschließt die Gläser durch einen Überfalldeckel oder eine Glasscheibe oder überbindet sie mit Papier. Für Luftzutritt braucht man nicht eigens zu sorgen; es genügt, die Gläser dann und wann zu öffnen. Sorgsam achte man darauf, daß die Kulturen nicht feucht werden, eine Gefahr, die übervölkerten Kulturen besonders droht, zumal die Raupen kurz vor der Verpuppung in erhöhtem Maße Flüssigkeit ausscheiden. Zeigt ein Glas Feuchtigkeit, so setze man sofort alle darin enthaltenen Tiere in andere Gläser um; nötigenfalls läßt man die Raupen, bevor man sie in das neue Kulturgefäß bringt, über Fließpapier kriechen, um die ihnen anhaftende Feuchtigkeit möglichst zu entfernen. Ein Fortfliegen der Imagines beim Öffnen der Gläser ist nicht zu befürchten; die Tiere sind wenig bewegungslustig. Treten Milben auf, so schaltet man am besten die befallenen Kulturen ganz aus; auch die Umgebung dieser Gläser säubere man sorgfältig!

Die Mehlmotten legen ihre Eier in die Futtermasse ab. In ihr verbleiben die heranwachsenden Raupen, um sie erst kurz vor der Verpuppung zu verlassen. Zur Zeit der Verpuppung legt man zweckmäßig in die Zuchtgläser mehrfach gefaltete Streifen starken Papiers, zwischen deren Falten die Raupen ihre Kokons spinnen. Man kann dann die Puppen mit den Streifen herausnehmen, um mit ihnen neue Kulturen zu begründen. Legt man keine Streifen ein, so verpuppen sich zahlreiche Tiere in dem Raume zwischen oberem Gefäßrand und Deckel und werden beim Öffnen und Verschließen der Gläser leicht verletzt.

Auch mit der Mehlmotten-Schlupfwespe (*Habrobracon*) läßt sich sehr gut hantieren, da auch dieses etwa 3 mm lange Tierchen nicht besonders lebhaft ist, so daß ein Tier, das aus dem offenen Zuchtglas etwa entweicht, mühelos sofort wieder eingefangen werden kann.

Man setzt frischgeschlüpfte Weibchen mit möglichst ebensolchen Männchen in kleinen Glasschalen — von etwa 5—6 cm Durchmesser und 2—3 cm Höhe — zusammen. Die Weibchen sind von den Männchen

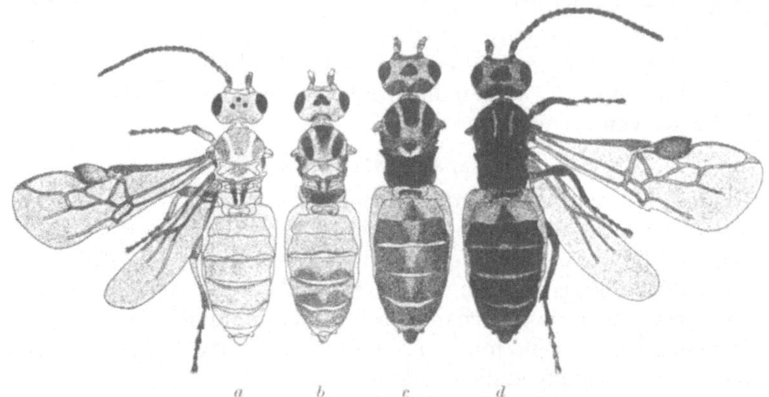


Abb. 22. Variabilität der Färbung von *Habrobracon juglandis* bei Zucht in verschiedener Temperatur. Es stammt das Tier *a* aus 35°, *b* aus 30°, *c* aus 20°, *d* aus 16°. (Nach E. Schlottke.)

an ihren kürzeren Fühlern und am Besitz des Stechapparates, dessen freies Ende den Hinterleib überragt, sehr leicht zu unterscheiden. Die Glasschalen sind, am besten vor dem Einbringen der Schlupfwespen, mit ausgewachsenen Mehlmottenraupen zu beschicken, wobei man etwa zwei Raupen pro Weibchen rechnen kann. Bald werden die Raupen sämtlich durch die Stiche der *Habrobracon*-Weibchen gelähmt und bieten dann das Bild meist völliger Bewegungsunfähigkeit und Schlaffheit. Daran erkennt man mühelos die erfolgte Eiablage, mit der man innerhalb 24—48 Stunden rechnen kann. Alsdann setzt man die Schlupfwespen in neue Gläser mit Mehlmottenraupen um.

Bei Zimmertemperatur verlassen die Larven nach 2—4 Tagen die Eihülle und dringen in den Körper ihres Wirtes ein. Zu dieser Zeit schichtet man die gelähmten Raupen zu „Futterportionen“ von etwa 12—20 Tieren neben- und übereinander auf Objektträger, die man nicht zu überdecken braucht. Die nach 3—5 Tagen aus ihrem Wirt wieder ausbrechenden, verpuppungsreifen Larven spinnen sich nebeneinander auf dem Objektträger ein, so daß man beim Umdrehen desselben sofort die Geschlechter erkennen kann: die Puppen sind ja sog. freie Puppen, deren weibliche den Stechapparat deutlich zeigen. Nach 2—3 Wochen schlüpfen aus den Puppen, die man natürlich rechtzeitig auf ihrem Objektträger in verschlossene Glasschalen bringen muß, die Imagines.

Bei höherer Temperatur verkürzen sich die angegebenen Zeitspannen, so daß die Gesamtentwicklungsdauer vom Ei bis zum geschlechtsreifen Tier je nach der Zuchttemperatur zwischen 30 und 7 Tagen liegt.

Eine besondere Fütterung der Imagines ist nicht notwendig, wenn Mehlmottenraupen zur Verfügung stehen. Die Weibchen schlürfen aus den Stichwunden der angestochenen Raupen Flüssigkeit oder verzehren Mehlstäubchen, die den Raupen anhaften; die Männchen sind weniger nahrungsbedürftig. Sonst kann man mit verdünntem Honig füttern.

*Ergebnis.*

In der höheren Temperatur ist die Färbung der Imagines (Abb. 22) ein helles Gelbbraun, bei Zimmertemperatur oder bei noch niedrigerer Temperatur ein entsprechend dunkleres Braun bis Schwarzbraun und Schwarz.

Zugleich steigt die Größe der Tiere.

Jeder Zuchttemperatur entspricht, wie hinzugefügt sei (vgl. Abb. 23 und Anhang zu dieser Übung), ein bestimmter Mittelwert der Pigmentierung; dabei sind die einzelnen Pigmentflecke in ihrer Ausbildung zwar sämtlich von der Temperatur abhängig, aber gegenseitig voneinander weitgehend unabhängig.

Die im Experiment von uns erzielten Variationen in Färbung und Größe von *Habrobracon* sind so zu verstehen, daß — im Sinne des S. 28 Ausgeführten — die Änderung eines bestimmten Umweltfaktors (Temperatur) zu einer Änderung des entwicklungsphysiologischen Geschehens führt; sie sind also Phänovariationen.

Außer der

1. *Phänovariation = Modifikation* sind die wichtigsten Arten der Variation die

2. *Dauermodifikation* und die

3. *Genovariation = Gen-Mutation = Mutation im engeren Sinne* (vgl. Übung 11).

## Anhang zu Übung 5.

### Variationsstatistische Untersuchung qualitativer kontinuierlicher Variabilität.

Die Übung 4 beschränkt sich auf das experimentelle Studium der Farbvariabilität von *Habrobracon*. Zu einem eingehenderen Studium würde indes auch die variationsstatistische Erfassung dieser qualitativen kontinuierlichen Variabilität gehören. Dazu ist, genau wie bei quantitativer kontinuierlicher Variabilität, eine Bildung von Merkmalsklassen erforderlich.

So kann man eine Serie von Pigmentierungstypen (Abb. 23)
aufstellen, die — ebenso wie bei der quantitativen Variabilität — als
Klassengrenzen gelten. Die Grenzwerte werden dabei im Interesse
möglichst genauer Gruppierung stets der dunkleren Klasse zugeteilt;
„denn es läßt sich leichter aussagen, daß ein vorkommender Typus heller
oder dunkler als eine vorliegende Zeichnung ist, als wenn ausgesagt werden sollte, ob er dem einen oder dem folgenden Typus ähnlicher sei"

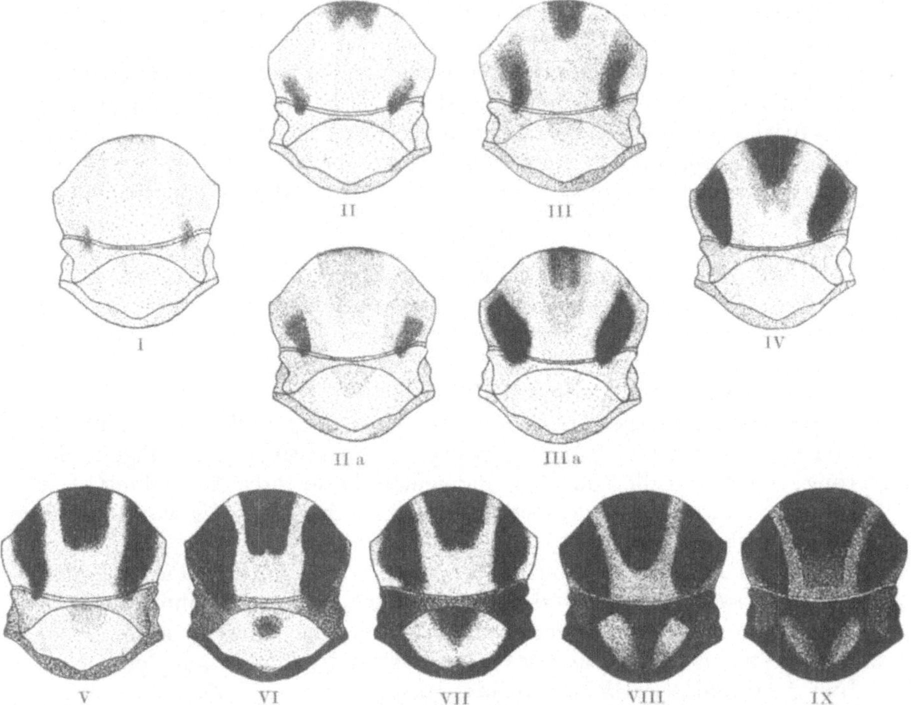

Abb. 23. Klassengrenzen der Ausbildung des Muskelansatzpigments auf der Dorsalseite des 2. und 3.
Thorakalsegments der Schlupfwespe *Habrobracon juglandis*. (Nach E. SCHLOTTKE.)

(SCHLOTTKE). Die in Abb. 23 dargestellten Färbungstypen II und IIa,
III und IIIa sind wegen ungefähr gleicher Gesamtpigmentmenge einander statistisch gleichgeordnet; bei einem Teil der Tiere zerfällt nämlich
mit steigender Temperatur der Mittelfleck (IV) in zwei Teile (IIIa) und
verschwindet dann (IIa), bei einem kleineren Teil verkleinert er sich
schrittweise (IV, III, II, I).

Man könnte gegen eine derartige Klasseneinteilung einwenden wollen,
daß sie bis zu einem gewissen Grade den Charakter der Willkürlichkeit
trage, da ja über die physiologischen Bedingtheiten des Färbungsgrades
zunächst nichts bekannt sei und man daher zunächst nicht wisse, ob
alle diese Pigmentierungsklassen einander gleichwertig seien; eine
natürliche Einteilung der Pigmentierungsvariantenstufen würde vielleicht
ganz anders aussehen müssen, indem gleichgradige Änderungen in den

physiologischen Bedingungen hier einen nur kleinen, dort einen viel größeren Unterschied im Pigmentierungsgrade zustande bringen könnten. Ein solcher Einwand ist aber nur teilweise berechtigt; denn einmal gilt er ganz ebenso auch für alle auf direkter Messung und Zählung beruhenden Variationsreihen, weil eben jede Variationsanalyse von den phänischen Befunden ausgeht, nicht von den Bedingungskomplexen für das Zustandekommen dieser Phänotypen. Vielmehr ist es eben zweitens erst die Aufgabe der Variationsanalyse, die Abhängigkeit der Merkmalsausprägung von bestimmten Bedingungen zu erfassen; diese zu bewältigende Aufgabe kann aber nicht bereits ein Teil der Grundlage sein, von der die Arbeit ausgeht.

Einfluß auf das Resultat vermag indes die Einteilung als solche bei der Untersuchung sowohl rein zahlenmäßiger kontinuierlicher Variabilität, als auch qualitativer kontinuierlicher Variabilität sehr wohl zu haben, indem sie entsprechend dem S. 33 Ausgeführten eine Schiefheit des Variationspolygons bedingen kann.

Übung 6.

## Versuche über quantitative und qualitative Variabilität. II.

*Material und Aufgabe.*

Jeder Kursteilnehmer erhält zwei oder drei Zuchtgläser (Technik s. S. 74), deren jedes ein oder mehrere Pärchen aus einer Reinkultur der Mutante stummelflügelig (*vestigial*) von *Drosophila melanogaster* enthält. Die Gläser bleiben in Zimmertemperatur, bis Eiablage erfolgt ist bzw. die ersten jungen Larven in den Kulturen erscheinen. Dann kommen die Kulturgläser in zwei bzw. drei verschiedene Temperaturen: 1. 20° (oder Zimmertemperatur), 2. 25°, 3. 30°. In etwa zweitägigen Abständen kontrolliere man die Kulturen. Sobald die ersten Puppen da sind, werden die Elterntiere aus den Zuchtgläsern entfernt.

Die aus den Puppen ausschlüpfenden Fliegen werden in zwei- oder mehrtägigen Abständen abgefangen, mit Äther getötet und in 70proz. Alkohol aufbewahrt. Die aus den einzelnen Kulturen gesammelten Tiere

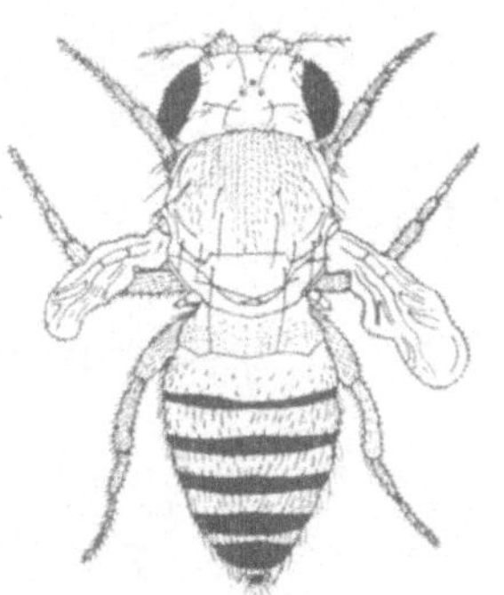

Abb. 24a. Stummelflügelige (*vestigial*) *Drosophila*. (Nach Morgan—Bridges—Sturtevant.)

werden in flachen Schälchen, die eine bequeme Lupenbetrachtung gestatten, miteinander verglichen.

Will man genauer arbeiten, so schneidet man einer Anzahl von Tieren mit einer feinen spitzen Schere die Flügelchen dicht an der Wurzel ab; die Flügel werden auf einen Objektträger gelegt, feucht mit einem Deckgläschen bedeckt und mikroskopisch — direkt oder auf dem Umweg über eine Umrißzeichnung (vgl. S. 8) — gemessen.

Die Abhängigkeit der Größe und Gestalt des vestigial-

Flügels von der Entwicklungstemperatur ist zu untersuchen.

### Ergebnis und Auswertung.

1. In sämtlichen Kulturen erhalten wir Fliegen mit rückgebildeten Flügeln: das rezessive Gen *vg* (= vestigial) äußert sich in homozygotem Zustande s t e t s in einem von der Norm abweichenden Flügel (Abb. 24). Im Gegensatz zu anderen Fällen, in denen eine bestimmte Erbstruktur sich nicht bei sämtlichen Trägern derselben phänisch auszuprägen vermag, besitzt die Erbstruktur *vg vg* eine 100proz. Ausprägungs*häufigkeit*, eine 100proz. Durchschlagskraft (*absolute* Penetranz = vollkommenen „Durchschlag").

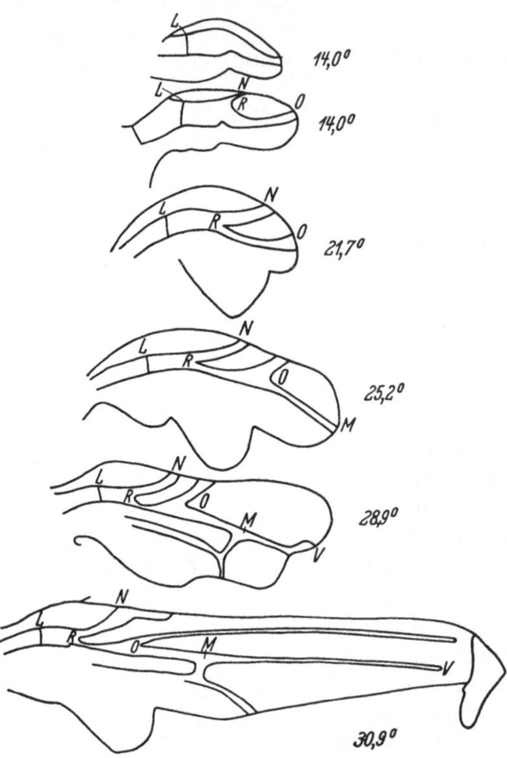



Abb. 24b. Flügelformen von *vestigial*-Fliegen aus verschiedenen Zuchttemperaturen. Die Buchstaben bezeichnen vergleichbare Punkte der Flügel. (Nach H. Riedel.)

2. In den einzelnen Kulturen sind indes die Flügel deutlich voneinander verschieden (Abb. 24 b). Es finden sich also auf gleicher genischer Grundlage verschiedene Phänotypen. Der Flügelbildungsvorgang ist von einem Umweltfaktor, der Entwicklungstemperatur, beeinflußbar: er ist umweltlabil. Diese Umweltlabilität äußert sich in zweifacher Weise:

3. Die Flügel der bei 30° zur Entwicklung gekommenen vestigial-Fliegen sind wesentlich länger als diejenigen der bei Zimmertemperatur erhaltenen Tiere: mit dem Ansteigen der Entwicklungstemperatur von 15—34° wächst die Flügellänge der *vg vg*-Tiere. Die Temperaturabhängigkeit der Stummelflügelentwicklung bezieht sich also zunächst auf den Ausprägungs*grad* (Expressivität = „Ausdruck") des Merkmals.

4. Die Flügelvergrößerung besteht nicht in einem einfachen proportionalen Längenwachstum des ganzen Stummelflügelchens, sondern vielmehr in einem Zuwachs immer weiterer spitzen- und randwärts gelegener Flügelteile an den stets vorhandenen Basalteil des Flügels, der dem Basalteil des normalen Flügels entspricht. Mit der Flügellänge verändert sich also fortschreitend auch der Formcharakter des Stummel-

flügels; die besondere Ausprägung*art* (Spezifität = „Besonderheit“) des Merkmals ist ebenfalls temperaturabhängig.

5. Innerhalb jeder Temperaturstufe, ja selbst zwischen dem rechten und dem linken Flügel eines und desselben Tieres herrscht Variabilität in bezug auf Grad und Art der Merkmalsausprägung. Die Flügelausbildung der Tiere ist also nicht bloß von dem homozygoten Besitz des Gens *vg* und von der Entwicklungstemperatur, sondern auch noch von weiteren äußeren oder inneren Faktoren abhängig.

### *Übersicht.*

Die Variabilität eines erbbedingten Entwicklungsteilprozesses vermag sich in dreifacher Weise zu äußern, nämlich in bezug auf

1. Häufigkeit der Ausprägung: Penetranz  = Durchschlag (Durchschlagskraft),

2. Grad der Ausprägung:  Expressivität = Ausdruck,

3. Art der Ausprägung:  Spezifität  = Besonderheit.

In dieser dreifachen Weise können nicht nur äußere, sondern auch innere Faktoren, z. B. das Vorhandensein oder Fehlen anderer Gene, ihren Einfluß äußern.

## Übung 7.
## Diskontinuierliche Variation.

### *Material und Aufgabe.*

Eine größere Anzahl von Wucherblumen (*Chrysanthemum segetum*), Kornblumen (*Centaurea cyanus*) oder eines anderen Korbblütlers werden unter die Kursteilnehmer verteilt, wobei etwa 50 Exemplare auf den Einzelnen kommen können. Die Pflanzen sollen möglichst am gleichen Standort gesammelt sein.

Wenn man Material von verschiedenen Standorten, jeweils für sich geordnet, sammeln kann, so erhält man die Möglichkeit zu entsprechenden Vergleichen.

Im Winter kann man statt frischer Blumen in 4proz. Formalin konservierte benutzen, die einen Tag vor der Übung in Wasser gut ausgewaschen werden.

Die Randblüten werden mit einer Pinzette oder mit der Hand sorgfältig ausgezupft. Pflanze für Pflanze wird so durchgezählt und in einer Tabelle nach steigenden Zahlen gebucht.

Die typische Randblütenzahl und ihre Variabilität bei diesen Korbblütlern (*Compositen*) ist zu untersuchen.

Die variationsstatistische Arbeit geschieht in der bereits geübten Weise: graphische Darstellung, Berechnung von Mittelwert und Streuung.

### *Variationsstatistische Arbeit.*

1. Diskontinuierliche (diskrete) Variabilität. Während wir bei unseren messenden Untersuchungen (vgl. S. 4) genötigt sind, Variationsklassen zu bilden, die nicht eigentlich durch einen bestimmten

Zahlenwert, sondern durch ihre Grenzen zahlenmäßig charakterisiert sind, ist es bei einer zählenden Untersuchung möglich, jede Pflanze einem ganz bestimmten Variantenwert zuzuordnen:

Tab. 8. Randblütenzahlen von 161 Wucherblumen (Kursauszählung).

| $V$ | 14 | 15 | 16 | 17 | 18 | 19 | 20 | 21 | 22 | 23 | 24 | 25 | 26 | $n$ |
|---|---|---|---|---|---|---|---|---|---|---|---|---|---|---|
| $p$ | 2 | ÷ | ÷ | 4 | 5 | 14 | 29 | 50 | 28 | 11 | 10 | 7 | 1 | 161 |

Wir haben es hier also nicht mehr mit einer gleitenden (kontinuierlichen), sondern mit einer ganzzahligen (diskontinuierlichen, diskreten) Variabilität zu tun.

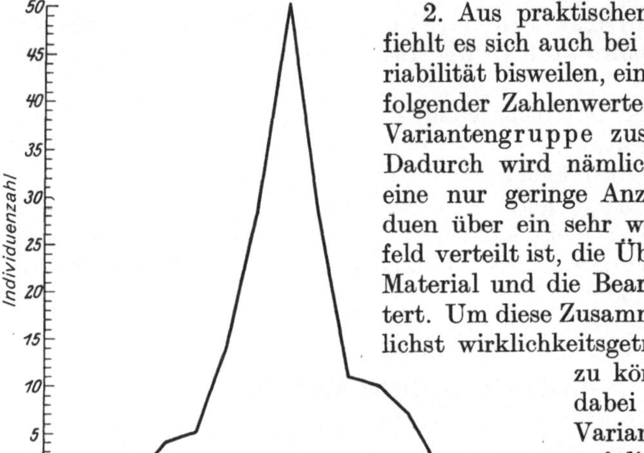



Abb. 25. Variationspolygon der Randblütenzahlen von 161 Wucherblumen (Tab. 8).

2. Aus praktischen Gründen empfiehlt es sich auch bei ganzzahliger Variabilität bisweilen, eine Reihe einander folgender Zahlenwerte jeweils zu einer Variantengruppe zusammenzufassen. Dadurch wird nämlich in Fällen, wo eine nur geringe Anzahl von Individuen über ein sehr weites Variationsfeld verteilt ist, die Übersicht über das Material und die Bearbeitung erleichtert. Um diese Zusammenfassung möglichst wirklichkeitsgetreu durchführen zu können, geht man dabei von denjenigen Variantenwerten aus, auf die die größten Individuenzahlen entfallen. Diese Werte faßt man zunächst zusammen und schließt dann, von dieser Gruppe ausgehend, nach den beiden Seiten hin die weiteren Gruppen an.

Beispielsweise kann man in der Herbstastern-Reihe (Tab. 9a), deren

Tab. 9a. Randblütenzahlen von Herbstastern (Kursauszählung).

| $V$ | 52 | 53 | 54 | 55 | 56 | 57 | 58 | 59 | 60 | 61 | 62 | 63 | 64 | 65 | 66 | 67 | 68 | 69 | 70 |
|---|---|---|---|---|---|---|---|---|---|---|---|---|---|---|---|---|---|---|---|
| $p$ | 1 | | | | | 1 | 2 | | | 1 | 5 | 1 | 2 | 3 | 6 | 1 | 5 | 1 | 4 |

| | 71 | 72 | 73 | 74 | 75 | 76 | 77 | 78 | 79 | 80 | 81 | 82 | 83 | 84 | 85 | 86 | 87 | . | . | 92 | 93 | $n$ |
|---|---|---|---|---|---|---|---|---|---|---|---|---|---|---|---|---|---|---|---|---|---|---|
| | 4 | 4 | 4 | 2 | 1 | 3 | 2 | 1 | | 1 | 1 | 1 | | | 2 | 1 | | | | 1 | 1 | 62 |

Randblütenzahlen sich zwischen den Extremen 52 und 93 verteilen, immer je fünf Variantenwerte zu einer Variantengruppe zusammenfassen und erhält so die folgende Reihe:

Tab. 9b.

| $V$ | 51—55 | 56—60 | 61—65 | 66—70 | 71—75 | 76—80 | 81—85 | 86—90 | 91—95 | $n$ |
|---|---|---|---|---|---|---|---|---|---|---|
| $p$ | 1 | 3 | 12 | 17 | 15 | 7 | 4 | 1 | 2 | 62 |

Eine solche Maßnahme bleibt aber natürlicherweise ein Notbehelf, und die dringlichste Aufgabe bleibt hier die Heranschaffung eines entsprechend größeren Untersuchungsmaterials.

3. Der **Mittelwert**, den wir nach der Formel $M = A + b$ (vgl. S. 11) für unsere Randblütenzahlen berechnen, ist wiederum eine **Dezimalzahl**. Für die Variationsreihe Tab. 8 ergibt sich $M = 21{,}1$. Diese Zahl als die durchschnittliche Randblütenzahl zu bezeichnen, stellt nun natürlich eine Abstraktion dar. Bei kontinuierlicher Variabilität gibt es Individuen, die den betreffenden Mittelwert tatsächlich verwirklichen, dagegen bei **diskontinuierlicher Variation** gibt es *keine* reale Verwirklichung des Mittelwerts.

Das ist indessen kein Einwand gegen die Verwendungsmöglichkeit des Mittelwertes als eines „typischen" Wertes der Variationsreihe. Denn der Mittelwert bezieht sich eben definitionsgemäß nicht auf ein einzelnes Individuum als solches, sondern auf das Individuum als

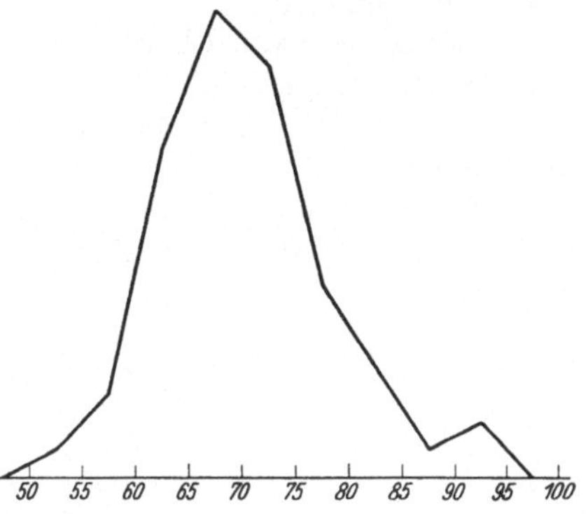

Abb. 26. Variationspolygon der Randblütenzahlenklassen von 62 Herbstastern (Tab. 9 b).

**Repräsentanten der Gesamtheit der Individuen**; er gibt nicht eine Eigenschaft eines einzelnen Individuums an, sondern eine überindividuelle, eine die betreffende Individuengruppe charakterisierende Eigenschaft,

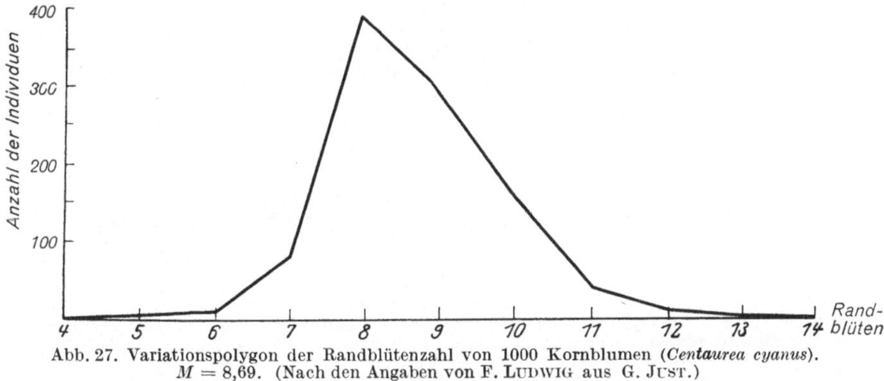

Abb. 27. Variationspolygon der Randblütenzahl von 1000 Kornblumen (*Centaurea cyanus*). $M = 8{,}69$. (Nach den Angaben von F. Ludwig aus G. Just.)

jenen „festen Punkt" innerhalb der Variabilität dieser Gruppe, den sie in den einzelnen Individuen gleichsam zu verwirklichen bestrebt ist.

4. Die Berechnung der **Streuung** der Randblütenzahlen erfolgt (vgl. S. 22) nach der Formel

$$\sigma = \pm \sqrt{\frac{\Sigma\, p\, a^2}{n} - b^2}\ .$$

Man beachte, daß dabei eine Sheppardsche **Korrektur** *nicht* nötig ist, solange man nicht — entsprechend dem unter 2. Gesagten — mit Variantengruppen arbeitet. Das wird aber im allgemeinen nicht der Fall sein.

5. Das Variationspolygon, das wir bei der Untersuchung von Randblütenzahlen — oder ähnlich von Blumenblattzahlen von Pflanzen anderer Familien — erhalten, kann im Einzelfalle von sehr verschiedener Form sein. Wir können nämlich finden

    a) Binomialität (selten!),

    b) Schiefheit (Abb. 27),

    c) Hochgipfeligkeit (Abb. 25, 28, 29),

    d) Mehrgipfeligkeit (Abb. 29).

Über a) und b) vgl. S. 30 u. 32; über c) und d) vgl. die beiden folgenden Absätze!

6. Bei einem hochgipfeligen Variationspolygon (Abb. 25) ragt der Gipfel über die Kuppe einer binomialen Vergleichskurve (Abb. 28)

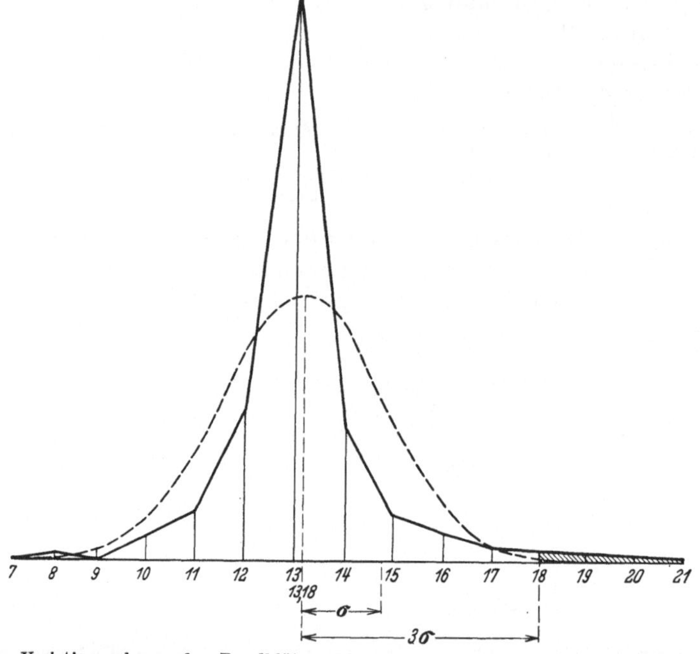

Abb. 28. Variationspolygon der Randblütenzahlen im Endköpfchen von 1000 Wucherblumen (*Chrysanthemum segetum*) (Zählungen F. Ludwig). Gestrichelt die binomiale Vergleichskurve, schraffiert der über die Grenze + 3 σ hinausfallende Teil des Polygons. (Abgeändert nach W. Johannsen.)

mehr oder weniger stark empor, während die Ordinaten der dem dichtesten Wert benachbarten Variantenwerte den Rand der Binomialkurve nicht erreichen. Hochgipfeligkeit ist der graphische Ausdruck dafür, daß sich der typische Wert der Variationsreihe in sehr viel größerer Häufigkeit findet, als es bei rein zufallsmäßiger (binomialer) Variantenverteilung zu erwarten ist; im Vergleich zur Häufigkeit der diesen typischen Wert repräsentierenden Individuen tritt die Häufigkeit der übrigen entsprechend zurück.

Biologisch bedeutet das, daß hier die „Tendenz" zur Verwirklichung des typischen Wertes besonders stark ist; denn eine

Abweichung von diesem typischen Werte findet sich eben weitaus seltener, als wir es in anderen Fällen von Variabilität feststellen können.

Wir begnügen uns mit der graphischen Darstellung der Hochgipfeligkeit, die die Abweichung eines solchen Polygons von der Binomialkurve deutlich genug heraustreten läßt. Doch läßt sich der abweichende Polygonverlauf auch zahlenmäßig ausdrücken, nämlich durch den sog. Exzeß, auf dessen umständliche Berechnung wir verzichten.

Ein Verständnis für den theoretischen Sinn dieses Wertes gewinnt man durch folgende Überlegung: Dadurch, daß auf den typischen Wert eines hyperbinomialen Polygons eine übergroße Zahl von Individuen vereinigt ist, wird der Streuungswert ($\sigma$) entsprechend klein. Die Streuung gibt ja, wie wir uns erinnern (vgl. S. 18) die Grenzen an, innerhalb deren rund zwei Drittel aller Individuen liegen. Wenn nun, beispielsweise bei dem in Abb. 28 dargestellten hyperbinomialen Variationspolygon, auf den Wert 13 mehr als die Hälfte, auf die Werte 12, 13 und 14 zusammen mehr als drei Viertel aller Individuen entfallen, so muß der Streuungswert, auf dessen Areal weniger als diese drei Viertel der Individuengesamtheit kommen, entsprechend klein werden. So ist für das Polygon Abb. 28 $\sigma = 1{,}61$. Infolge dieser Kleinheit von $\sigma$ aber fallen die extremen Plus- und Minus-Varianten mehr oder weniger weit außerhalb des dreifachen Streuungsareals. Zu beiden Seiten der Streuungsgrenzen entsteht somit, wie man es nennt, ein Exzeß. Dieser Exzeß, der also in einer Überschreitung der Grenzen einer binomialen Variation besteht, kann als Maß der Hyperbinomialität benutzt werden.

Berechnet wird der Exzeß $Ex$ mittels der vierten Potenz der Abweichungen ($D$) der individuellen Variantenwerte vom Mittelwert ($M$), also mittels $D^4$. Es besteht nämlich beim Vorliegen von Binomialität die Gleichung

$$\frac{\Sigma\, p\, D^4}{n} = 3\,\sigma^4$$

oder

$$\frac{\Sigma\, p\, D^4}{n \cdot \sigma^4} - 3 = 0\,.$$

Weicht dagegen ein Variationspolygon von der Binomialform im Sinne von Hochgipfeligkeit ab, so ergibt sich statt 0 eine — stets positive — Zahl, eben der Exzeß, dessen Formel somit lautet:

$$Ex = \frac{\Sigma\, p\, D^4}{n \cdot \sigma^4} - 3\,.$$

Will man die Berechnung durchführen, so muß man die sehr umständliche Berechnungsformel benutzen. Diese lautet bei diskontinuierlicher Variabilität

$$Ex = \frac{\dfrac{\Sigma\, p\, a^4}{n} - \dfrac{4\, b\, \Sigma\, p\, a^3}{n} + \dfrac{6\, b^2\, \Sigma\, p\, a^2}{n} - 3\, b^4}{\sigma^4} - 3$$

und bei kontinuierlicher Variabilität

$$Ex = \frac{\dfrac{\Sigma\, p\, a^4}{n} - \dfrac{4\, b\, \Sigma\, p\, a^3}{n} + \dfrac{6\, b^2\, \Sigma\, p\, a^2}{n} - 3\, b^4 - \dfrac{\sigma^2}{2} + 0{,}0292}{\sigma^4} - 3\,.$$

Beispielsweise ergibt sich für das in Abb. 25 dargestellte Variationspolygon von *Chrysanthemum* ($M = 21{,}1$) ein Exzeß

$$Ex = +\,1{,}8.$$

Wenn sich bei Hochgipfeligkeit stets ein positiver Wert von $Ex$ findet, so bedeutet umgekehrt ein negativer Exzeß Tiefgipfeligkeit. Bei ausgeprägter Tiefgipfeligkeit wird das Variationspolygon durch den

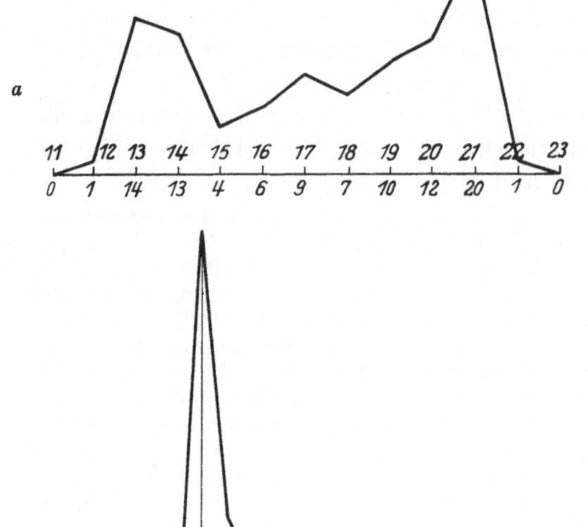



Abb. 29. Randblütenzahlen im Endköpfchen von *Chrysanthemum segetum*. (Nach H. DE VRIES.) *a* und *b* Mischaussaaten mit verschiedenem Anteil der beiden in *c* dargestellten durch Selektion isolierten 13 strahligen und 21 strahligen Rassen. Individuenzahl (in Abb. *a* sind die Einzelzahlen als untere Reihe eingetragen) bei *a* 97, *b* 589, *c* 162 und 298.

gleichsam „negativen Gipfel", d. h. in Wahrheit durch das Kurvental, in zwei Teile zerlegt, deren jeder nunmehr einen eigenen positiven Gipfel besitzt; mit anderen Worten: das Polygon ist zweigipfelig.

7. Zwei- und Mehrgipfeligkeit. Oft finden wir für die Randblütenzahlen zweigipfelige (Abb. 29 a, b, c) oder auch durch mehrere Gipfel ausgezeichnete Variationspolygone. Diese komplizierteren Polygonformen sind aber mit den bisher besprochenen Polygonformen für die Zahlenvariabilität der Randblüten nahe verwandt. Dies ergibt sich, wenn wir die Variantenwerte, die wir in den verschiedenartigen Variationspolygonen als Modalwerte, d. h. als die Werte mit der größten Individuenzahl, feststellen können, miteinander vergleichen. Als Fußpunkte der Gipfel zwei- und mehrgipfeliger Variationspolygone finden wir dann nämlich die gleichen Variantenwerte, die wir in anderen Fällen als Gipfelfußpunkte schiefer oder hyperbinomialer eingipfeliger Kurven finden.

Besonders häufig können wir in all diesen verschiedenartigen Polygonen die Zahlen 8, 13 und 21 Randblüten feststellen. Diese bevorzugten Randblütenzahlen entsprechen den Zahlenwerten der sog. Fibonnacci-Reihe, bei welcher zwei hintereinander folgende Zahlen immer den Wert der nächstfolgenden Zahl ergeben:

$$1 + 2 = 3, \quad 2 + 3 = 5, \quad 3 + 5 = 8, \quad 5 + 8 = 13 \text{ usw.}$$

Hinter dieser u. ä. Reihen, die nicht nur für die Randblütenzahlen der Kompositen gelten, steckt ein inneres Wachstumsgesetz. Es ist offenbar das gleiche, das auch in der Blattstellung zum Ausdruck kommt; die sog. „Hauptreihe der Blattstellung" stellt bekanntlich dieselbe Zahlenfolge dar.

Die Zahlenwerte z. B. der Fibonnacci-Reihe sind also die typischen Wachstumsgrößen eines Kompositenkörbchens. Bis zu welcher Zahl dieser Reihe im Einzelfalle das Wachstum tatsächlich fortschreitet, bzw. mit welcher einer Fibonnaccizahl benachbarten Zahl es sich der Norm nur annähert oder aber dieselbe überschreitet, hängt, wie alle Variation, von äußeren wie von inneren Bedingungen ab. Zu den Umweltbedingungen gehört die bessere oder schlechtere Ernährung der Pflanze, durch welche die Üppigkeit der Randblütenproduktion bestimmt wird, zu den inneren Bedingungen die Erbveranlagung der Pflanze, durch welche die Grenzen der Wachstumsintensität nach der positiven und nach der negativen Seite hin bestimmt sind.

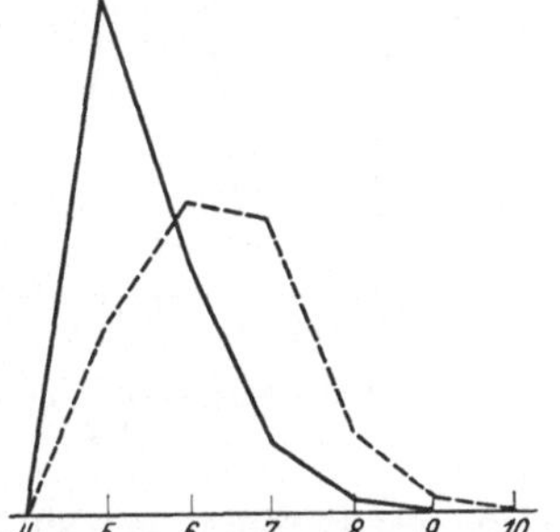


Abb. 30. Randblütenzahlen des Knopfkrautes (*Galinsoga parviflora*), Kursauszählung. (Nach H. Gapms.) ———— 100 Köpfchen vom Ackerrand $M = 5{,}5$. - - - - - 103 Köpfchen vom Gartenbeet, $M = 6{,}3$.

Ein mehrgipfeliges Variationspolygon von Randblütenzahlen kann also ebensowohl ausdrücken, daß innerhalb der betr. Individuengesamtheit für die einzelnen Pflanzengruppen stark unterschiedliche Aufwuchsbedingungen bestanden (vgl. Abb. 30), wie auch, daß die betr. Population aus verschiedenen Biotypen zusammengesetzt ist (Abb. 29a—c), wie auch schließlich beides zusammen.

Aus Mischaussaaten von *Chrysanthemum segetum*, deren Randblütenauszählung zweigipfelige Kurven mit den Gipfeln bei 13 und 21 ergab (Abb. 29), ließen sich auf dem Wege gesonderter Aufzucht von Nachkommen einzelner Köpfchen zwei Rassen isolieren, deren eine (*A*) 13 und deren andere (*B*) 21 Randblüten als durchaus typische Zahl gab.

Durch Ernährung verschiedenen Gütegrades ließen sich gleichfalls bei *Chrysanthemum* sehr verschieden hohe Randblütenzahlen erzielen.

8. *Biologische Auswertung einer Zwei- oder Mehrgipfeligkeit.* Verschiedene Erbveranlagung und verschiedener Ernährungs- oder sonstiger physiologischer Zustand von Individuen kann, wie für die Randblütenzahlen soeben (unter 7) ausgeführt, eine Zwei- oder Mehrgipfeligkeit eines Variationspolygons zur Folge haben. Zweigipfeligkeit kann weiterhin ein Ausdruck dafür sein, daß das Material aus zwei in ihrer Variabilität sich verschieden verhaltenden Geschlechtern besteht, Zwei- oder

Mehrgipfeligkeit ferner dafür, daß es aus verschiedenen Altersgruppen zusammengesetzt ist (Abb. 31), die nicht nur durch eigene Mittelwerte, sondern womöglich auch durch verschiedene Streuungsbreiten charakterisiert sind, oder aus mehreren Standortsformen, z.B. Standortsmodifikationen, deren verschiedene Größenwerte der Ausdruck irgendwelcher unterschiedlicher Außenbedingungen sind.

Stets ist eine Kurvendoppelheit oder -mehrfachheit der Ausdruck einer sprungartigen Differenz in den Bedingungssituationen der Variationsgruppen; welcher Art aber dieser Sprung ist, welcher Art

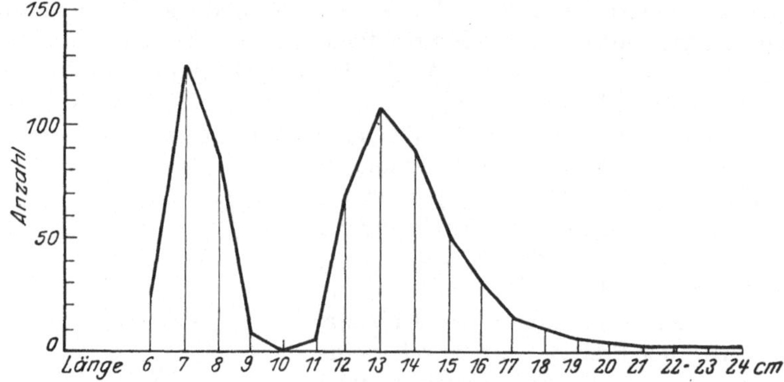


Abb. 31. Längenmaße von 628 Schollen (*Pleuronectes platessa*); der Fang besteht aus zwei Altersklassen. (Nach H. Lübbert.)

also diese Bedingungen sind, das kann man aus dem Polygon allein nicht ablesen. Was wir früher über die Unmöglichkeit sagten, auf Grund des bloßen Zahlen- bzw. Kurvenmaterials biologische Schlüsse zu ziehen, und über die Notwendigkeit, für diese Schlüsse biologische Unterlagen — sei es vergleichende, sei es experimentelle — zu suchen, das gilt auch für die Auswertung zwei- oder mehrgipfeliger Variationspolygone.

## Übung 8.
### Der mittlere Fehler des Mittelwertes.
*Beendigung der exakten Auswertung des Bohnenmaterials.*

Wir kehren noch einmal zu unserem Feuerbohnenmaterial (Übung 1) zurück, um die von uns bisher behandelten typischen Werte, nämlich den Mittelwert (vgl. S. 8) und die Streuung (vgl. S. 16) noch durch eine letzte Angabe zu ergänzen.

Es ist unschwer einzusehen, daß der Mittelwert $M$, den wir aus unserem Variationsmaterial errechnet haben, keinen Zahlenwert von absoluter Gültigkeit darstellt. Schon wenige Bohnen mehr oder weniger, die wir gemessen hätten, hätten den Wert für $M$, wenn auch nur um ein weniges, verschoben. Es wäre also falsch, zu sagen, die Feuerbohnen der Ernte, aus denen unsere Probe stammt, hätten im Mittel die von uns errechnete Länge; dieser Wert gilt vielmehr nur für die von uns untersuchte Bohnenprobe, und der „wahre", der gleichsam ideale Mittelwert, der für unsere Feuerbohnen überhaupt gilt, kann — und wird voraussichtlich — von unserem $M$-Wert mehr oder weniger abweichen.

Es leuchtet aber weiterhin ein, daß diese Abweichung um so geringfügiger sein, daß der Wert von $M$ also um so genauer, dem idealen Mittelwert um so näher sein wird, je größer die Individuenzahl der von uns untersuchten Probe ist. Bei $n = 10\,000$ durchgemessenen Exemplaren haben wir größere Aussicht, dem idealen Mittelwert nahezukommen, als wenn wir nur 1000, 100 oder gar bloß 25 Bohnen untersuchen.

Mit anderen Worten: Jedem empirischen Mittelwert haftet eine Ungenauigkeit, ein „Fehler" an, der je nach der ihm zugrunde liegenden Individuenzahl $n$ eine verschiedene Größe besitzt. Man nennt ihn den mittleren Fehler des Mittelwerts und bezeichnet ihn mit $m$. (Mnemotechnisch: klein $m$ gehört zu groß $M$.) Der Wert von $m$ ist ein Maß für die Ungenauigkeit bzw. umgekehrt für die Genauigkeit von $M$: je kleiner der Fehler $m$, um so zuverlässiger der Wert $M$.

Wir verstehen das noch besser, wenn wir uns folgendes klarmachen: Wir sahen, daß man durch $M$ und $\sigma$ die wesentlichen Merkmale einer binomialen Kurve angibt, und daß man (vgl. Tab. 6 S. 19) auf Grund dieser Werte sagen kann, ein ganz bestimmter Prozentsatz der Varianten läge innerhalb bestimmter, durch diese Größen bezeichneter Grenzen, z. B. 68,3% aller Varianten innerhalb des Areals $M \pm \sigma$. Man kann also, wenn man $M$ und $\sigma$ kennt, einen Schluß auf die wahrscheinliche Lage einer noch ununtersuchten, in ihrem Größenwert also unbekannten Variante ziehen; diese Variante wird z. B. mit einer Wahrscheinlichkeit von rd. $^2/_3$ innerhalb des einfachen Streuungsabstands von $M$ liegen.

Man kann nun (vgl. S. 19) diesen Schluß auch umkehren. Wenn man von einer Variante $V$ von bestimmter Größe ausgeht und den Wert der Streuung kennt, so kann man einen Rückschluß auf die Größe des Mittelwerts $M$ ziehen. Man kann sagen, daß der Mittelwert mit einer Wahrscheinlichkeit von fast 100% (99,7%) innerhalb des dreifachen Streuungsabstands und daß er mit einer Wahrscheinlichkeit von rd. zwei Drittel innerhalb des einfachen Streuungsabstands, alles von der Variante $V$ aus gemessen, liegt. In dieser Formulierung gibt $\sigma$ also die Wahrscheinlichkeit an, mit der man von einer beliebigen Variante aus einen Schluß auf die Größe von $M$ ziehen kann: $M$ muß innerhalb der Grenzen $V \pm 3\,\sigma$ liegen.

In genau der gleichen Weise ist der mittlere Fehler des Mittelwerts, den wir vorhin mit $m$ bezeichneten, ein Maß der Wahrscheinlichkeit, mit welcher wir von dem empirischen Mittelwert aus einen Schluß auf den idealen Mittelwert ziehen können. Unser Bohnenmaterial ist ja eine beliebig herausgegriffene Probe, die „zufällig" aus gerade diesen Bohnen zusammengesetzt ist; wir hätten ebensogut — ebenso zufällig — eine irgendwie anders zusammengesetzte Probe aus dem Gesamtmaterial herausgegriffen haben können, ähnlich eine dritte, vierte usw. Probe. Als Untersuchungsergebnis der einzelnen Proben würden wir keine völlig übereinstimmenden Zahlenwerte erwarten, beispielsweise also keine identischen Mittelwerte, wohl aber einander ähnliche, um nur „zufällige" Beträge voneinander unter-

schiedene. Wir können also diese einzelnen empirischen Mittelwerte wie
Individuen einer Zufalls-Variationsreihe betrachten, deren Streuung
den Wert $m$ besitzt. Diese Binomialreihe mit der Streuung $m$ ist aber
natürlich, wie zur Vermeidung von Mißverständnissen ausdrücklich betont sei, nicht etwa mit der von uns untersuchten Bohnen-Variations-
reihe mit dem Mittelwert $M$ und der Streuung $\sigma$ identisch! Vielmehr ist
der Zusammenhang so, daß eine Reihe empirischer Mittelwerte, die sich
auf entsprechend viele Proben
gleichartigen Materials beziehen,
sich zu dem idealen Mittelwert,
der für unendlich viele Individuen
dieses Materials gilt, so verhalten,
wie sich die Einzelindividuen
einer binomialen Variationsreihe
zu ihrem Mittelwert verhalten.
Der im Idealfalle zu erhaltende
„reine" Mittelwert kann daher
von einem beliebigen empirischen
Mittelwert nicht weiter entfernt
liegen als dies innerhalb einer Binomialkurve für den Mittelwert
gegenüber einem beliebigen Individuum gilt. Mit anderen Worten: Der ideale Mittelwert
liegt ebenso innerhalb der
Grenzen des dreifachen
mittleren Fehlers $\pm 3m$, vom

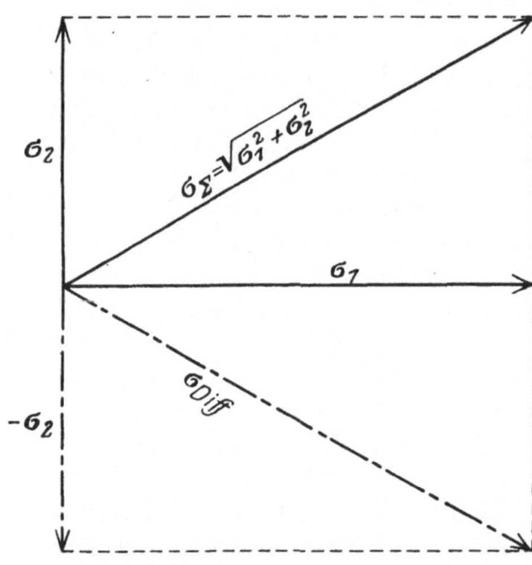


Abb. 32. Veranschaulichung der Beziehungen
zwischen den Streuungswerten $\sigma$, $\sigma_\Sigma$ und $\sigma_{Diff}$.
(Abgeändert nach G. Pólya aus G. Just).

Mittelwert $M$ aus gerechnet, wie dieser Mittelwert $M$ innerhalb des dreifachen Areals der Streuung $\pm 3\sigma$, von irgend-
einem individuellen Variantenwerte $V$ des empirischen Polygons aus gerechnet, liegt.

Dabei trifft, wie aus Tab. 6b S. 19 zu ersehen, die Angabe $M \pm 3\,m$
als Bezeichnung der Lagegrenzen für den idealen Mittelwert unter
1000 Fällen 997 mal zu. Sie ist also praktisch völlig ausreichend, da man
sich unter 1000 Fällen nur 3 mal irren wird.

*Formel des mittleren Fehlers.* Betragen für zwei unabhängig voneinander variierende Größen $V_1$ und $V_2$ ihre Streuungswerte $\sigma_1$ und $\sigma_2$, so
besitzt die Summe $(V_1 + V_2)$ dieser beiden variablen Größen, die ja, da
die beiden Summanden variieren, selber ebenfalls keine feste Größe sein
kann, einen Streuungswert $\sigma_\Sigma$, der sich zu den Streuungswerten der
beiden Summanden $V_1$ und $V_2$ so verhält, wie die Diagonale eines
Kräfteparallelogramms zu dessen Seiten $\sigma_1$ und $\sigma_2$ (Abb. 32). Da
$\sigma_\Sigma^2 = \sigma_1^2 + \sigma_2^2$ ist, so besitzt die Streuung einer Summe zweier variabler Größen folgende Formel:

$$\sigma_\Sigma = \pm \sqrt{\sigma_1^2 + \sigma_2^2}\,.$$

Genau denselben Streuungswert besitzt auch die Differenz zweier variabler
Größen. Denn da (vgl. Abb. 32) $\sigma_{Diff}^2 = \sigma_1^2 + (-\sigma_2)^2 = \sigma_1^2 + \sigma_2^2$ ist, so besteht auch

hier wieder die Formel

$$\sigma_{Diff} = \pm \sqrt{\sigma_1{}^2 + \sigma_2{}^2}\ .$$

Die Streuung sowohl der Summe wie der Differenz zweier variabler Größen ist also gleich der Wurzel aus der Summe der Streuungsquadrate der beiden Einzelgrößen.

Bei drei Varianten würde entsprechend gelten:

$$\sigma_\Sigma = \pm \sqrt{\sigma_1{}^2 + \sigma_2{}^2 + \sigma_3{}^2}$$

schließlich bei $n$ Varianten:

$$\sigma_\Sigma = \pm \sqrt{\sigma_1{}^2 + \sigma_2{}^2 + \ldots \sigma_n{}^2}.$$

Gehören nun die summierten Werte $V_1, V_2 \ldots V_n$ zu einer und derselben $n$ Glieder umfassenden Variationsreihe, so sind die Streuungswerte all dieser Varianten sämtlich gleich groß, da es sich ja immer um den Streuungswert einer und derselben Variationsreihe handelt. Ist aber $\sigma_1 = \sigma_2 = \ldots \sigma_n$, also $= \sigma$ schlechthin, so läßt sich für die unter der Wurzel stehende Summe $\sigma_1{}^2 + \sigma_2{}^2 + \ldots \sigma_n{}^2$ einfach $n \cdot \sigma^2$ schreiben. Dann heißt unsere Formel:

$$\sigma_\Sigma = \pm \sqrt{n \cdot \sigma^2}.$$

So groß ist also die Streuung der Summe sämtlicher individueller Werte einer Variationsreihe, also die Streuung von $\Sigma p V$.

Diese Summe aller Individuenwerte ist nun aber das $n$fache des Mittelwerts; denn $M$ ist ja $= \dfrac{\Sigma p V}{n}$. Die von uns gesuchte Streuung des Mittelwerts $M$ muß daher der $n$te Teil von $\sigma_\Sigma$ sein; denn ebenso wie wir $\Sigma p V$ durch $n$ dividieren, um $M$ zu erhalten, müssen wir auch den Streuungswert $\sigma_\Sigma$ entsprechend dividieren, um $\sigma_M$, die Streuung des Mittelwerts, zu erhalten. Es ist also

$$\sigma_M = \frac{\sigma_\Sigma}{n} = \pm \frac{\sqrt{n \cdot \sigma^2}}{n}\ .$$

Die in unserer Ableitung als $\sigma_M$ bezeichnete Größe haben wir aber bereits unter einem anderen Namen und einem anderen Symbol kennengelernt; wir nannten dieses Schwankungsmaß den mittleren Fehler $m$ des Mittelwerts.

Der Ausdruck

$$m = \pm \frac{\sqrt{n \cdot \sigma^2}}{n}$$

läßt sich vereinfachen, indem wir im Nenner $n$ durch $\sqrt{n} \cdot \sqrt{n}$ ersetzen. Weiter ergibt sich aus

$$m = \frac{\sqrt{n} \cdot \sqrt{\sigma^2}}{\sqrt{n} \cdot \sqrt{n}}$$

$$m = \frac{\sqrt{\sigma^2}}{\sqrt{n}}$$

oder

$$\boldsymbol{m = \frac{\sigma}{\sqrt{n}}\ .}$$

Was bedeutet diese Formel?

1. Wir überlegten eingangs, daß die Genauigkeit des Mittelwerts von der Zahl der in die Untersuchung einbezogenen Fälle, von $n$, abhängig sein müsse. Wir kennen jetzt die Art dieser Abhängigkeit, die sich in der Formel

$$m = \frac{\sigma}{\sqrt{n}}$$

ausdrückt. Eine Verkleinerung des mittleren Fehlers und damit ein Wachsen der Genauigkeit des Mittelwerts tritt nicht einfach proportional der ansteigenden Individuenzahl $n$ ein, sondern proportional der Wurzel aus dieser Zahl. Wenn wir z. B. auf Grund von 100 Individuen $m$ errechnet haben, so tritt eine Verkleinerung dieses Wertes $m$ auf die Hälfte, d. h. eine Verdoppelung der Zuverlässigkeit des Mittelwerts, erst ein, wenn wir die Individuenzahl auf $2^2 \cdot 100 = 400$ erhöhen, also noch 300 weitere Individuen in unsere Untersuchung einbeziehen. Denn jetzt haben wir, wenn Mittelwert und Streuung den gleichen Wert behalten mögen, gegenüber

$$m_1 = \pm \frac{\sigma}{\sqrt{100}} = \pm \frac{\sigma}{10}$$

den nur halb so großen Wert

$$m_2 = \pm \frac{\sigma}{\sqrt{400}} = \pm \frac{\sigma}{20}.$$

Wir halten diese wichtige Beziehung fest: Der mittlere Fehler $m$ des Mittelwerts einer Variationsreihe ist gleich der Streuung $\sigma$ dividiert durch die *Wurzel* aus der Zahl $n$ der untersuchten Individuen.

2. Man schreibt den einfachen Wert des mittleren Fehlers $m$ ohne besondere Bezeichnung einfach hinter $M$, so daß man beispielsweise den Mittelwert der von uns nun schon so oft als Beispiel herangezogenen 100 Feuerbohnen (Tab. 1 S. 2) folgendermaßen schreibt:

$$M = 18{,}3 \pm 0{,}2.$$

Dadurch, daß der Angabe des Mittelwerts in dieser Weise die Angabe seines mittleren Fehlers sogleich hinzugefügt wird, ist seine Genauigkeit, seine Zuverlässigkeit stets unmittelbar abzulesen. Innerhalb der dreifachen Fehlergrenzen $18{,}3 \pm 3 \cdot 0{,}2$, d. h. innerhalb der Schwankungsbreite $17{,}7 - 18{,}9$ ist die Lage des idealen Mittelwerts für unser Feuerbohnenmaterial anzunehmen, und zwar mit einer Wahrscheinlichkeit von rd. zwei Drittel innerhalb der einfachen Fehlergrenzen $18{,}3 \pm 1 \cdot 0{,}2$, also innerhalb des Spielraums $18{,}1 - 18{,}5$.

3. Um uns von der Bedeutung der Berechnung von $m$ durch ein praktisches Beispiel zu überzeugen, vergleichen wir den Mittelwert der von allen Kursteilnehmern insgesamt gemessenen Feuerbohnen (vgl. Tab. 3 S. 2) mit den jeweiligen Werten $M \pm m$ der von den einzelnen Praktikanten untersuchten Proben (vgl. Tab. 1 S. 2).

*Praktische Ausführung der Berechnung des mittleren Fehlers.*

Bei der praktischen variationsstatistischen Arbeit kann man sich bisweilen die Berechnung von $\sigma$ ersparen; man führt dann, wenn man z.B. bei der logarithmischen Berechnung von $\sigma$ soweit ist, daß man dessen Numerus aufschlagen könnte, sogleich die Rechnung $\dfrac{\sigma}{\sqrt{n}}$ aus, indem man $\tfrac{1}{2}\log n$ von $\log \sigma$ subtrahiert. So erhält man den $\log m$, dessen Numerus man aufschlägt.

*Zusammenfassung.* Die zahlenmäßige Darstellung unseres Variationsmaterials umfaßt in ihrer endgültigen Form nunmehr folgende Angaben:

1. den Mittelwert $M$, der die typische Größe der von uns untersuchten Individuengesamtheit angibt,

2. den mittleren Fehler $m$ des Mittelwerts, der die Zuverlässigkeit desselben angibt,

3. die Streuung $\sigma$, die die Variationsgrenzen und die Variantenverteilung angibt,

4. die Individuenzahl $n$, die den Umfang des der Untersuchung zugrundeliegenden Materials angibt.

Beispiel: Der Variationstabelle 3 S. 2 und deren graphischer Darstellung (vgl. Abb. 2—6) fügen wir also nunmehr die folgenden Zahlenangaben hinzu:

$$M = 18,02 \text{ mm}$$
$$\sigma = 2,04 \text{ mm}$$
$$m = 0,06 \text{ mm}$$
$$n = 1000 \ .$$

Anhang zu Übung 8. Wahrscheinlicher Fehler.

Statt des mittleren Fehlers ($m$) wird in der englisch geschriebenen Literatur meist der sog. wahrscheinliche Fehler (*probable error*, abgekürzt *p. e.*; oft auch als $E_A$ = *error of average* bezeichnet) benutzt. Der wahrscheinliche Fehler wird vom Quartil (vgl. S. 26) aus berechnet; die Formel lautet

$$E_A = \pm \frac{Q}{\sqrt{n}} \ .$$

Für den wahrscheinlichen Fehler im Verhältnis zum mittleren Fehler gilt das Gleiche, was wir S. 27 über das Quartil im Verhältnis zur Streuung sagten. Es ist

$$m = 1,4826 \, E_A$$

oder

$$E_A = 0,6745 \, m.$$

Da der wahrscheinliche Fehler beträchtlich kleiner als der mittlere Fehler ist, so wird (vgl. Tab. 7 S. 27) erst zwischen dem 4- und dem 5fachen wahrscheinlichen Fehler diejenige Beurteilungssicherheit erreicht, die bereits der 3fache mittlere Fehler bietet (vgl. auch Abb. 16).

## Übung 9.
## Korrelationstabelle und Korrelationsmodell.

*Material und Aufgabe.*

Jeder Kursteilnehmer erhält 10—15 Heringe (*Clupea harengus*).

Statt des Herings kann auch die Flunder (*Pleuronectes flesus*), die Scholle (*Pleuronectes platessa*), oder ein anderer leicht in größerer Menge zu beschaffender Fisch untersucht werden. Man kann in Brennspiritus aufbewahrtes Material benutzen; besser aber frisches Material, das nach der Untersuchung (mit sauberer Pinzette!) ja zu Nahrungszwecken verwandt werden kann.

Es ist 1. in der bereits bekannten Weise die typische Zahl der Flossenstrahlen in der Rückenflosse und in der Afterflosse (Abb. 33) festzustellen,

2. zu untersuchen, ob zwischen den beiden Flossen eine Wachstumskorrelation besteht.

3. Statt dessen oder zur Ergänzung kann auch nach der Korrelation zwi-

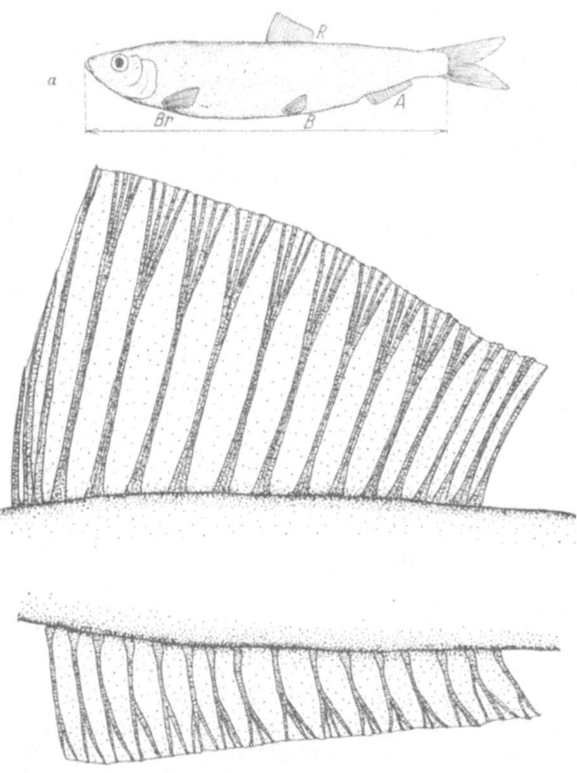



Abb. 33. *a* Flossen (*R* Rückenflosse, *Br* Brustflossen, *B* Bauchflossen, *A* Afterflosse) und Körperlängen-Meßpunkte des Herings. *b* Rückenflosse mit 17, *c* Afterflosse mit 16 meist verzweigten Flossenstrahlen.

schen Länge und Dicke unserer Feuerbohnen (Material der Übung 1) gefragt werden.

4. Bei genügender Teilnehmerzahl kann auch noch die Korrelation zwischen Körperlänge (Abb. 33a) und Flossenstrahlenzahl beim Hering untersucht werden.

Es soll im folgenden nur auf die zweite der gestellten Aufgaben eingegangen werden, da zur ersten Aufgabe keine Erläuterungen mehr notwendig sind. Bei der zweiten Aufgabe haben wir es nicht mehr, wie in allem Vorhergehenden, mit einem variierenden Merkmal, sondern mit zwei variierenden Merkmalen zu tun.

Die dritte Aufgabe unterscheidet sich von der zweiten nur insofern, als es sich dort um kontinuierliche, hier um diskontinuierliche Variationsreihen handelt, die zueinander in Beziehung gesetzt werden. Bei der vierten Aufgabe schließlich handelt es sich um ein kontinuierlich und ein diskontinuierlich variierendes Merkmal.

### Technik.

Genau wie in der Übung 1 notieren wir unsere Zählungen Tier für Tier in einer Buchungstabelle.

*Tabellarische und anschauliche Darstellung.*

1. **Kombinierte Aufzählungsreihen.** Eine übersichtliche Darstellung der Größenbeziehungen zwischen den beiden variierenden Merkmalen kann

*Buchungstabelle.*

| Tier Nr. | Rückenflosse | Afterflosse |
|---|---|---|
| 1 | | |
| 2 | | |
| 3 | | |

man bereits dadurch erhalten, daß man die Individuen als einander folgende senkrechte Linien darstellt und auf ihnen nicht nur den je-

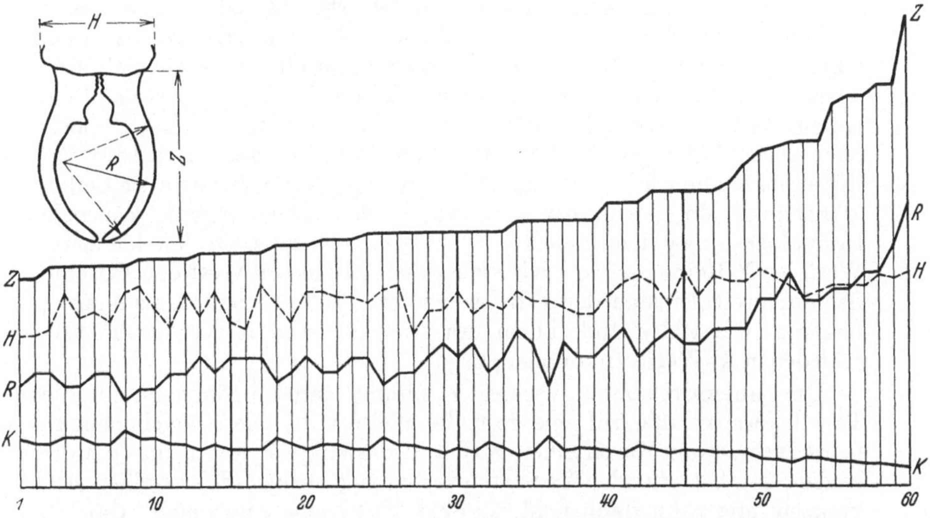

Abb. 34. Korrelationsbeziehungen zwischen Zangenlänge, Zangenkrümmung und Hinterleibsbreite beim Ohrwurm *(Forficula auricularia)* -Männchen. (Nach W. KUHL, abgeändert.)

Auf den Ordinaten 1—60 sind die individuellen Maße ($Z$ Zangenlänge, $R$ Krümmungsradius, $K$ Krümmungsmaß $= \dfrac{1}{R}$, $H$ größte Hinterleibsbreite) von 60 *Forficula*-Männchen abgetragen. Die Tiere sind nach zunehmender Zangenlänge geordnet; das 15., 30., 45. und 60. Tier ist durch eine stärkere Linie hervorgehoben.

Die $R$-Linie verläuft im ganzen parallel zur $Z$-Linie (positive Korrelation), die $K$-Linie in entgegengesetzter Richtung (negative Korrelation), die $H$-Linie nähert sich einer Parallelen zur $X$-Achse (Annäherung an fehlende Korrelation).

weiligen Zahlenwert der einen Eigenschaft nach Art einer Aufzählungsreihe abträgt, sondern innerhalb der gleichen Zählskala (Abb. 34) oder mittels einer oberhalb derselben gelegenen zweiten Skala auch den Zahlenwert der zweiten Eigenschaft einzeichnet.

Das gleiche kann man übrigens auch für eine dritte, vierte usw. Eigenschaft tun (Abb. 34).

Verbindet man die Markierungspunkte für die erste Eigenschaft miteinander, so erhält man eine Ogivenkurve (Aufzählungskurve, Abb. 5 S. 5). Verbindet man nun auch die Punkte für die zweite Eigenschaft miteinander, so erhält man eine Linie, die entweder der ersteren mehr oder weniger parallel verläuft bzw. in einem bestimmten Winkel zu ihr sich bewegt, oder aber ein völlig unregelmäßiges Auf und Ab bei einem Gesamtverlauf parallel zur $X$-Achse zeigt. Im ersteren Falle sind die beiden Eigenschaften einander in höherem oder geringerem Grade korreliert, im zweiten Falle nicht (vgl. Abb. 34).

2. Korrelationstabelle. Um besonders übersichtlich ablesen zu können, 1. welche Zahlenwerte der einen Eigenschaft mit bestimmten Zahlenwerten der anderen Eigenschaft beim selben Individuum zusammen vorgefunden wurden, und 2. in welcher Häufigkeit eine jede dieser Eigenschaftskombinationen zur Beobachtung kam, fertigt man eine Korrelationstabelle an. Man zieht eine waagerechte Doppellinie und teilt auf ihr so viele Felder ab, als in der Variationsreihe der einen Eigenschaft, die wir mit $X$ bezeichnen, Variantenwerte bzw. -klassen bestehen; die Felder (bei diskontinuierlicher Variabilität) bzw. die Grenzen zwischen zwei Feldern (bei kontinuierlicher Variabilität) bezeichnet man durch die Zahlenwerte der Varianten bzw. der Variantenklassen. Eine entsprechende Felderreihe markiert man auf einer senkrechten Doppelreihe durch Auftragen der Varianten bzw. Variantenklassen der zweiten Eigenschaft, die wir mit $Y$ bezeichnen. Durch Verlängerung aller Linien erhält man ein gefeldertes Rechteck, in das man einträgt, wie viele Individuen außer dem kleinsten Wert der $X$-Reihe auch den kleinsten Wert der $Y$-Reihe besitzen, wie viele zu dem kleinsten Wert der $X$-Reihe den nur zweitkleinsten der $Y$-Reihe, wie viele den nur drittkleinsten usw. besitzen, wie vielen Individuen des zweitkleinsten $X$-Wertes die verschiedenen $Y$-Werte zukommen, usw.

Um Zahlenirrtümer zu vermeiden, nimmt man die Eintragung in die Tabelle zweckmäßig auf eine doppelte Weise vor. Zuerst zeichnet man jedes Individuum durch einen Strich in dasjenige Feld ein, in dem die beiden, den betreffenden Variantenwerten zugehörigen Felderreihen sich kreuzen, und zählt dann Feld für Feld die Striche zusammen. Danach zählt man aus der Buchungstabelle unmittelbar die einzelnen $X$-$Y$-Kombinationen heraus. So hat man die notwendige Kontrolle, die man bei der Aufstellung derartiger Tabellen nie außer acht lassen darf.

Jede Querreihe (Zeile) der Tabelle gibt für einen bestimmten Zahlenwert von $Y$ die zugehörige Variabilität der Eigenschaft $X$ an; jede Längsreihe (Spalte) der Tabelle gibt für einen bestimmten Zahlenwert von $X$ die zugehörige Variabilität der Eigenschaft $Y$ an.

So kann man beispielsweise aus der Tab. 10 entnehmen, daß vier Flundern 56 Rückenflossenstrahlen und 40 Afterflossenstrahlen, vier weitere ebenfalls 56 Rückenflossen-, aber 41 Afterflossenstrahlen besaßen, usw.

Tab. 10. Strahlenzahl der Rückenflosse und der Afterflosse bei der
Flunder (*Pleuronectes flesus*).
(Kombiniert aus zwei Tabellen von G. DUNCKER.)

Strahlenzahl der Afterflosse

|  | 38 | 39 | 40 | 41 | 42 | 43 | 44 | 45 | 46 | 47 | 48 | $p_y$ |
|---|---|---|---|---|---|---|---|---|---|---|---|---|
| 55 |  |  |  | 1 | 1 | 1 | 1 |  |  |  |  | 4 |
| 56 |  |  | 4 | 4 | 3 |  | 1 |  |  |  |  | 12 |
| 57 |  | 1 | 4 | 7 | 9 | 2 | 1 |  |  |  |  | 24 |
| 58 |  |  | 3 | 14 | 19 | 6 | 3 | 1 |  |  |  | 46 |
| 59 |  |  | 2 | 19 | 37 | 28 | 14 | 2 | 1 |  |  | 103 |
| 60 | 1 |  | 3 | 22 | 40 | 56 | 30 | 7 | 2 |  |  | 161 |
| 61 |  |  |  | 7 | 35 | 57 | 52 | 18 | 4 | 1 |  | 174 |
| 62 | 1 | 1 |  | 6 | 21 | 51 | 76 | 27 | 10 | 1 |  | 194 |
| 63 |  |  |  |  | 6 | 40 | 46 | 50 | 14 | 6 |  | 162 |
| 64 |  |  |  | 1 |  | 11 | 31 | 29 | 19 | 9 | 1 | 101 |
| 65 |  |  |  |  |  | 9 | 14 | 23 | 16 | 8 |  | 70 |
| 66 |  |  |  |  |  | 1 | 6 | 7 | 15 | 8 | 2 | 39 |
| 67 |  |  |  |  |  |  | 3 | 6 | 5 | 2 | 2 | 18 |
| 68 |  |  |  |  |  |  |  | 2 | 4 | 1 | 2 | 9 |
| 69 |  |  |  |  |  |  |  | 1 |  | 1 |  | 2 |
| 70 |  |  |  |  |  |  |  |  |  |  |  | ÷ |
| 71 |  |  |  |  |  |  |  |  |  |  | 1 | 1 |
| $p_x$ | 2 | 2 | 16 | 81 | 171 | 262 | 278 | 173 | 90 | 37 | 8 | $n =$ 1120 |

Die unterste Reihe der Tabelle stellt die Variationsreihe der Eigenschaft $X$ für sich allein dar, die rechts außen herunterlaufende Reihe die
Variationsreihe der Eigenschaft $Y$. Im äußersten Feld rechts unten steht
die Gesamtindividuenzahl $n$, in unserem Falle $= 1120$, eine Zahl, die

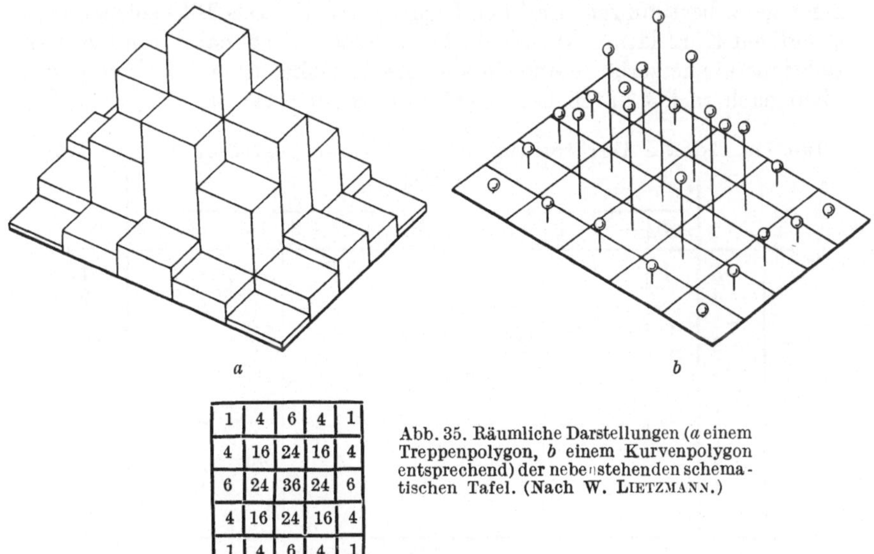

| 1 | 4 | 6 | 4 | 1 |
|---|---|---|---|---|
| 4 | 16 | 24 | 16 | 4 |
| 6 | 24 | 36 | 24 | 6 |
| 4 | 16 | 24 | 16 | 4 |
| 1 | 4 | 6 | 4 | 1 |

Abb. 35. Räumliche Darstellungen (*a* einem
Treppenpolygon, *b* einem Kurvenpolygon
entsprechend) der nebenstehenden schematischen Tafel. (Nach W. LIETZMANN.)

sowohl die Summe aller Individuen der $X$-Reihe $(\Sigma p_x)$ wie andererseits auch die Summe aller Individuen der $Y$-Reihe $(\Sigma p_y)$ angibt; denn es handelt sich ja um die gleichen Individuen, die auf zwei variierende Merkmale hin untersucht und in bezug auf die Verbindung je eines Wertes der beiden Variationsreihen in die Tabelle eingetragen worden sind. Die Korrelationstabelle ist also die Gesamtdarstellung zweier in sich „aufgelöster" und zugleich eine mit der anderen zusammengearbeiteter Variationsreihen; sie gibt ein zahlenmäßiges Bild zweier sozusagen ineinander verschlungener Variationspolygone (vgl. auch Abb. 37).

3. Plastische Darstellung. Ebenso wie die einlinige Zahlenreihe einer Variationstabelle graphisch in einem flächenhaften Polygon anschaulicher dargestellt werden kann, kann die Zahlenfläche einer Korrelationstabelle plastisch in einem räumlichen Korrelationsmodell eine besondere Veranschaulichung finden. Zu diesem Zweck werden auf den einzelnen Feldern der Korrelationstabelle als Grundfläche Säulen in derjenigen Höhe errichtet, die der jeweiligen Individuenzahl des betr. Feldes entspricht (Abb. 35a). Als Material benutzt man Plastilin oder aufeinandergestellte quadratische Holzscheiben. Ein weniger übersichtliches Bild geben Nadeln, deren Knöpfe in einer der jeweiligen Individuenzahl entsprechenden Höhe über der Grundfläche liegen (Abb. 35b).

## Auswertung.

*Grad der Korrelation.* Im Hinblick auf eine korrelative Variabilität zweier Eigenschaften gibt es zwei Grenzfälle, zwischen denen sämtliche überhaupt möglichen Grade engeren oder weniger engen gemeinsamen Variierens dieser Eigenschaften liegen müssen: nämlich die absolut vollkommene und die absolut fehlende Korrelation.

Bei absolut vollkommener Korrelation entspräche jedem Ausbildungsgrad, d. h. jedem Zahlenwert, der Eigenschaft $X$ stets ein einziger ganz bestimmter Grad der Eigenschaft $Y$. Das Bild solcher vollständigen Korrelation ist in Tab. 11 gegeben. Diagonal durch die Korrelationstabelle verläuft eine einfache Zahlenreihe. Sie verläuft von links oben nach rechts unten bei positiver Korrelation, d. h. wenn Zu-

Tab. 11a. Ideale Darstellung vollständiger positiver Korrelation.

| | | −5 | −4 | −3 | −2 | −1 | $M_x$ | +1 | +2 | +3 | +4 | +5 | $p_y$ |
|---|---|---|---|---|---|---|---|---|---|---|---|---|---|
| | −5 | 1 | . | . | . | . | . | . | . | . | . | . | 1 |
| | −4 | . | 9 | . | . | . | . | . | . | . | . | . | 9 |
| | −3 | . | . | 29 | . | . | . | . | . | . | . | . | 29 |
| | −2 | . | . | . | 60 | . | . | . | . | . | . | . | 60 |
| | −1 | . | . | . | . | 95 | . | . | . | . | . | . | 95 |
| | $M_y$ | . | . | . | . | . | 112 | . | . | . | . | . | 112 |
| | +1 | . | . | . | . | . | . | 95 | . | . | . | . | 95 |
| | +2 | . | . | . | . | . | . | . | 60 | . | . | . | 60 |
| | +3 | . | . | . | . | . | . | . | . | 29 | . | . | 29 |
| | +4 | . | . | . | . | . | . | . | . | . | 9 | . | 9 |
| | +5 | . | . | . | . | . | . | . | . | . | . | 1 | 1 |
| | $p_x$ | 1 | 9 | 29 | 60 | 95 | 112 | 95 | 60 | 29 | 9 | 1 | 500 |

(Kopf: $X$-Klassen; linke Randspalte: $Y$-Klassen)

Tab. 11b. Ideale Darstellung vollständiger negativer Korrelation.

|  |  | −5 | −4 | −3 | −2 | −1 | $M_x$ | +1 | +2 | +3 | +4 | +5 | $p_y$ |
|---|---|---|---|---|---|---|---|---|---|---|---|---|---|
| | −5 | . | . | . | . | . | . | . | . | . | . | 1 | 1 |
| | −4 | . | . | . | . | . | . | . | . | . | 9 | . | 9 |
| | −3 | . | . | . | . | . | . | . | . | 29 | . | . | 29 |
| | −2 | . | . | . | . | . | . | . | 60 | . | . | . | 60 |
| | −1 | . | . | . | . | . | . | 95 | . | . | . | . | 95 |
| Y-Klassen | $M_y$ | . | . | . | . | . | 112 | . | . | . | . | . | 112 |
| | +1 | . | . | . | . | 95 | . | . | . | . | . | . | 95 |
| | +2 | . | . | . | 60 | . | . | . | . | . | . | . | 60 |
| | +3 | . | . | 29 | . | . | . | . | . | . | . | . | 29 |
| | +4 | . | 9 | . | . | . | . | . | . | . | . | . | 9 |
| | +5 | 1 | . | . | . | . | . | . | . | . | . | . | 1 |
| | $p_x$ | 1 | 9 | 29 | 60 | 95 | 112 | 95 | 60 | 29 | 9 | 1 | 500 |

*X-Klassen* spans the columns −5 through +5.

nahme und Abnahme der Größenwerte der beiden variierenden Eigenschaften gleichsinnig erfolgen; sie verläuft von links unten nach rechts oben bei negativer Korrelation, d. h. wenn dem jeweils höchsten Ausbildungsgrad der Eigenschaft $X$ der niedrigste Ausbildungsgrad der Eigenschaft $Y$ entspricht usw. In beiden Fällen müssen die Individuenzahlen der $X$-Variationsreihe und die Individuenzahlen der $Y$-Reihe Variantenwert für Variantenwert miteinander übereinstimmen, so daß eine und dieselbe Zahlenreihe quer durch die Tabelle, unter der Tabelle und rechts neben der Tabelle steht.

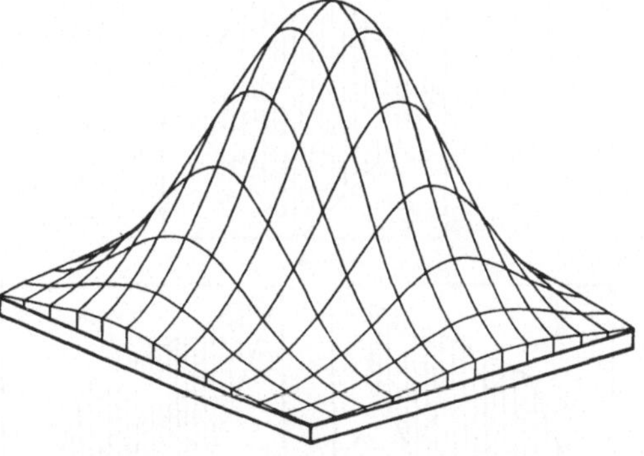

Abb. 36. Idealer Variationskörper. (Nach P. Riebesell.)

Bei völlig fehlender Korrelation kann jeder beliebige Wert der Eigenschaft $X$ mit jedem beliebigen Wert der Eigenschaft $Y$ kombiniert sein. An einem einzelnen Individuum kann natürlich immer nur ein ganz bestimmter Wert der Eigenschaft $X$ und ein ganz bestimmter Wert der Eigenschaft $Y$ festgestellt werden; aber daß dieser $X$-Wert gerade mit diesem und nicht mit einem beliebigen anderen $Y$-Wert zusammen angetroffen wird, ist eine Sache rein des Zufalls. Innerhalb der $X$- und der $Y$-Reihe besteht, wie Tab. 12 zeigt, immer noch die gleiche Zahlenfolge (1, 9, 29 usw.) für die Individuenhäufigkeiten $p_x$ bzw. $p_y$; beide Eigenschaften variieren aber völlig unabhängig voneinander und ohne Bevorzugung irgendeiner Varianten-Kombination. Natürlich treten dabei die Kombinationen der selteneren Varianten der $X$- und der $Y$-Reihe auch seltener auf als die Kombinationen der häufigeren Varianten. Im ganzen ergibt sich ein Verteilungsbild, wie es die nachstehende ideale Tabelle zeigt:

Tab. 12. Ideale Darstellung völlig fehlender Korrelation.

| | | | | | $X$-Klassen | | | | | | | |
| | $-5$ | $-4$ | $-3$ | $-2$ | $-1$ | $M_x$ | $+1$ | $+2$ | $+3$ | $+4$ | $+5$ | $p_y$ |
|---|---|---|---|---|---|---|---|---|---|---|---|---|
| $-5$ | . | . | . | . | . | 1 | . | . | . | . | . | 1 |
| $-4$ | . | . | . | 1 | 2 | 3 | 2 | 1 | . | . | . | 9 |
| $-3$ | . | . | 1 | 3 | 6 | 9 | 6 | 3 | 1 | . | . | 29 |
| $-2$ | . | 1 | 3 | 6 | 13 | 14 | 13 | 6 | 3 | 1 | . | 60 |
| $-1$ | . | 2 | 6 | 13 | 17 | 19 | 17 | 13 | 6 | 2 | . | 95 |
| $M_y$ | 1 | 3 | 9 | 14 | 19 | 20 | 19 | 14 | 9 | 3 | 1 | 112 |
| $+1$ | . | 2 | 6 | 13 | 17 | 19 | 17 | 13 | 6 | 2 | . | 95 |
| $+2$ | . | 1 | 3 | 6 | 13 | 14 | 13 | 6 | 3 | 1 | . | 60 |
| $+3$ | . | . | 1 | 3 | 6 | 9 | 6 | 3 | 1 | . | . | 29 |
| $+4$ | . | . | . | 1 | 2 | 3 | 2 | 1 | . | . | . | 9 |
| $+5$ | . | . | . | . | . | 1 | . | . | . | . | . | 1 |
| $p_x$ | 1 | 9 | 29 | 60 | 95 | 112 | 95 | 60 | 29 | 9 | 1 | 500 |

(Die Zeilenbeschriftung links: $Y$-Klassen)

Ein anschauliches Bild eines derartigen zufallsmäßigen Ineinanderverschlungenseins zweier Variationsreihen, ein Bild also einer völlig fehlenden Korrelation, gibt der ideale Variationskörper Abb. 36.

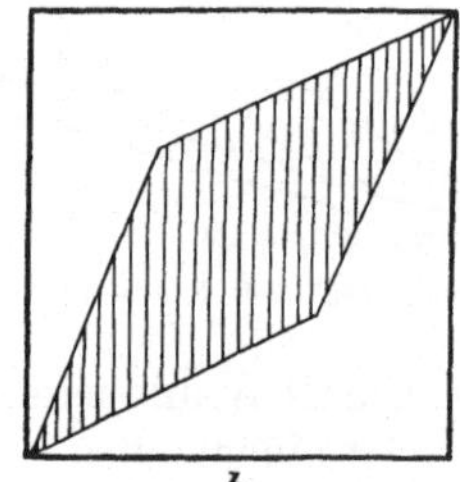
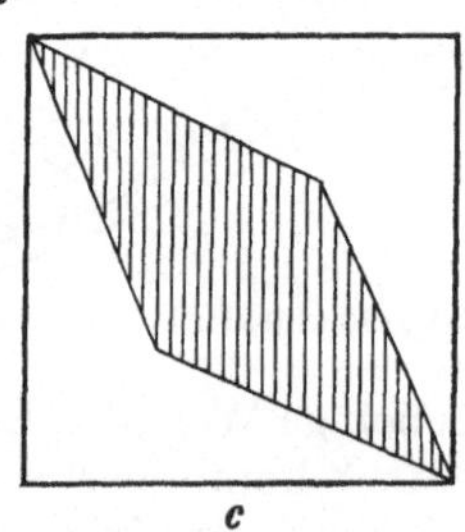

Abb. 37. Verteilungsbild der Individuengesamtheit innerhalb einer Korrelationstabelle bei *a* fehlender Korrelation, *b* negativer Korrelation, *c* positiver Korrelation.

*Ergebnis.*

1. Die tabellarische wie die räumliche Darstellung der Beziehungen zwischen den jeweiligen Strahlenzahlen der Rückenflosse und der Afterflosse zeigen deutlich das Bestehen einer positiven Korrelation, d. h. die beiden Flossen variieren nicht unabhängig voneinander.

2. Über den Grad der so festgestellten Abhängigkeit vermag bereits ein Vergleich unserer Korrelationstabelle mit den Tab. 11 u. 12 und den Abb. 37 *a—c* Auskunft zu geben: je enger sich die Verteilung der Individuen über das Korrelationsfeld der Diagonalen annähert, um so höher ist die Korrelation; je weiter sich die Individuen über das Gesamtfeld verstreuen, um so niedriger ist sie.

## Übung 10.

## Korrelationskoeffizient.

*Aufgabe.*

Der Grad der Korrelation z. B. zwischen Rücken- und Afterflosse des Herings ist mittels des Korrelationskoeffizienten auszudrücken.

*Begriff des Korrelationskoeffizienten.*

Zwischen einer absolut vollkommenen, sei es positiven, sei es negativen Korrelation und einer völlig fehlenden Korrelation muß jeder denkbare Grad einer innigeren oder lockereren gegenseitigen Variationsbeziehung liegen.

Wenn wir das Fehlen jeder Korrelation durch den Wert

$$r = 0$$

ausdrücken, so können wir das Vorhandensein einer absoluten Korrelation durch den Wert

$$r = 1$$

und zwar bei positiver Korrelation

$$r = + 1,$$

bei negativer Korrelation

$$r = -1$$

bezeichnen. Der zwischen diesen Grenzwerten

$$-1 \ldots 0 \ldots +1$$

liegende Wert eines Korrelationskoeffizienten drückt also aus, wie locker oder wie fest in dem betreffenden Falle die Korrelation der untersuchten Merkmalsgrößen ist: je fester die Korrelation, um so näher liegt der empirische Korrelationskoeffizient der theoretischen Grenzzahl $\pm 1$.

*Formel des Korrelationskoeffizienten.* Jedes einzelne Individuum, das in der Korrelationstabelle verzeichnet ist, gehört gleichzeitig zwei Variationsreihen an. Innerhalb jeder dieser beiden Reihen besitzt es einen bestimmten Zahlenwert und damit zugleich eine bestimmte Entfernung vom Mittelwert des betreffenden Variationspolygons: von $M_x$, dem Mittelwert der einen Variationsreihe, ist es um $D_x$, von $M_y$, dem Mittelwert der anderen Reihe, um $D_y$ entfernt.

Für eine Korrelationsanalyse ist es nun notwendig, jedem Individuum diese beiden Lagecharakterisierungen gleichzeitig zuzuschreiben; jedes Individuum liegt ja sozusagen auf einem Schnittpunkt zweier Variationskurven. Hierbei können nun aber die Werte $D_x$ und $D_y$ nicht unmittelbar benutzt werden; denn beide stellen ja absolute Zahlenwerte dar und müssen daher, um einander vergleichbar zu werden, in relative Zahlenwerte umgewandelt werden. Dies geschieht dadurch, daß die Abweichungsbeträge $D_x$ und $D_y$ durch die jeweils in der gleichen Maßeinheit ausgedrückten Streuungswerte $\sigma_x$ bzw. $\sigma_y$ dividiert werden.

Durch diese Quotienten $\dfrac{D_x}{\sigma_x}$ und $\dfrac{D_y}{\sigma_y}$ ist die relative Lage
eines Individuums sowohl innerhalb der einen als auch
innerhalb der anderen Variationsreihe nicht nur in vergleich-
baren Werten angegeben, sondern zugleich eindeutig bestimmt. Das
Produkt der beiden Quotienten, $\dfrac{D_x}{\sigma_x} \cdot \dfrac{D_y}{\sigma_y}$, das Produkt also der beiden
relativen Entfernungen des betreffenden Individuums von den beiden
Polygonmittelwerten, kann daher als Lagecharakterisierung des
betreffenden Individuums, als zahlenmäßige Festlegung des betreffenden „Kurvenschnittpunktes", gelten.

Jedem solchen „Kurvenschnittpunkt" — oder mit anderen Worten:
jedem Feld der Korrelationstabelle — gehört nun nicht bloß ein einziges
Individuum an, sondern eine Anzahl von Individuen. Wir bezeichnen
die jeweilige Individuenzahl, so wie wir es früher bei der ersten Aufstellung einer Variationstabelle taten, mit dem Buchstaben $p$. Der Zahlen-
wert jedes Feldes der Tabelle muß also $= p \cdot \dfrac{D_x}{\sigma_x} \cdot \dfrac{D_y}{\sigma_y}$ sein. Dieser Wert
$p \cdot \dfrac{D_x}{\sigma_y} \cdot \dfrac{D_x}{\sigma_y}$ gibt an, daß eine bestimmte Zahl von Individuen einem bestimmten gemeinsamen Punkte zweier Variationskurven zugeordnet ist.

Was für einen einzelnen Kurvenschnittpunkt gilt, gilt in entsprechen-
der Weise für einen zweiten, dritten usw. Kurvenschnittpunkt. Die Gesamtheit aller dieser gegenseitigen Zuordnungen von Individuenzahlen
und Schnittpunktwerten — der Inhalt also der sämtlichen Felder der
Korrelationstabelle — stellt die Summe aller der Werte $p \cdot \dfrac{D_x}{\sigma_x} \cdot \dfrac{D_y}{\sigma_y}$ dar,
ist also zu schreiben

$$\Sigma\, p \cdot \frac{D_x}{\sigma_x} \cdot \frac{D_y}{\sigma_y}.$$

Wenn wir diesen Summenwert, der sich auf die Gesamtheit aller in
die Korrelationstabelle eingeschlossenen Individuen, also auf die Zahl $n$,
bezieht, durch diese Zahl $n$ dividieren, also schreiben

$$r = \frac{\Sigma p \cdot \dfrac{D_x}{\sigma_x} \cdot \dfrac{D_y}{\sigma_y}}{n}$$

oder in anderer Schreibart

$$r = \frac{\Sigma\, p \cdot D_x \cdot D_y}{n \cdot \sigma_x \cdot \sigma_y}$$

so erhalten wir einen Durchschnittswert, der nichts anderes ist als
der gesuchte Korrelationskoeffizient.

Dieser sog. BRAVAISsche Korrelationskoeffizient gibt nämlich an, welches die durchschnittliche, die für das einzelne Individuum im
Durchschnitt geltende Beziehung zwischen einer Abweichung, einer
Variation, in der einen, und einer Abweichung, einer Variation, in der
anderen Variationsreihe ist, d.h. wie eng im Durchschnitt die korrelative Variabilität der beiden geprüften Eigenschaften
ist.

An Hand dieser Formel betrachten wir nochmals den

*Wert von r bei absoluter und bei fehlender Korrelation.*

Wie eine einfache Überlegung oder ein Blick auf die Tab. 11a S. 58 lehrt, ist absolute Korrelation dadurch gekennzeichnet, daß jeder Änderung eines Wertes der $X$-Reihe um einen bestimmten Betrag eine Änderung des Wertes der $Y$-Reihe um einen ebenfalls bestimmten Betrag parallel geht. Absolut gemessen können diese Beträge der $X$- und der $Y$-Reihe durchaus verschiedene Größe haben; relativ gemessen müssen sie indessen einander gleich sein: denn nur wenn die beiden Variationskurven in ihrem relativen Verlauf einander kongruent sind, kann vom Mittelwert der einen wie der anderen Kurve aus bis zu den äußersten Kurvenpunkten hin eine solche einander vollkommen parallel gehende Abnahme in den Individuenzahlen erfolgen. Die relative Lage jedes einzelnen Individuums muß also in beiden Kurven genau dieselbe sein, es muß also

$$\frac{D_x}{\sigma_x} = \frac{D_y}{\sigma_y}$$

sein.

In der Formel für den Korrelationskoeffizienten

$$r = \frac{\Sigma \cdot p \cdot D_x \cdot D_y}{n \cdot \sigma_x \cdot \sigma_y}$$

kann daher sowohl für $\dfrac{D_x}{\sigma_x}$ wie für $\dfrac{D_y}{\sigma_y}$ einfach $\dfrac{D}{\sigma}$ gesetzt werden, so daß

$$r = \frac{\Sigma p \, D^2}{n \cdot \sigma^2}$$

wird.

Nun läßt sich, da nach der Streuungsformel (vgl. S. 20)

$$\sigma = \pm \sqrt{\frac{\Sigma p \, D^2}{n}}$$

ist, also

$$\sigma^2 = \frac{\Sigma p \, D^2}{n},$$

der Ausdruck $\dfrac{\Sigma p \, D^2}{n}$ in der Korrelationsformel einfach durch $\sigma^2$ ersetzen. Der Wert des Korrelationskoeffizienten ist dann

$$r = \frac{\sigma^2}{\sigma^2} = 1 \, .$$

Für den Fall einer vollkommenen negativen Korrelation — bei der also jeder Zunahme eines $X$-Wertes nicht eine *Zu*nahme, sondern eine *Ab*nahme des $Y$-Wertes um einen bestimmten Betrag entspricht — bleibt das soeben Ausgeführte gültig, nur erhält der Korrelationskoeffizient ein negatives Vorzeichen:

$$r = -1 \, .$$

Bei völligem Fehlen jeglicher Korrelation kann (vgl. S. 59) jedem $X$-Wert jeder beliebige $Y$-Wert zugeordnet sein. Theoretisch muß

also für die Berechnung des Korrelationskoeffizienten jeder $X$-Wert mit
sämtlichen $Y$-Werten, d.h. mit der Summe aller $Y$-Werte, multipliziert werden. Die Summe aller Abweichungen vom Mittelwert ($\Sigma\, p\cdot D$,
also z. B. $\Sigma\, p \cdot D_y$) ist nun, wie wir wissen (vgl. S. 10), $= 0$. So wird das
Produkt $\Sigma\, p \cdot D_x \cdot D_y$ und damit $r = \dfrac{\Sigma\, p \cdot D_x \cdot D_y}{n \cdot \sigma_x \cdot \sigma_y}$ ebenfalls $= 0$. Bei
fehlender Korrelation ist

$$r = 0.$$

### Berechnungsformel für den Korrelationskoeffizienten.

Wie für alle unsere variationsstatistischen Werte, brauchen wir auch
für den Korrelationskoeffizienten eine Berechnungsformel, in der die Abweichungen $D$ der Varianten vom wirklichen Mittelwert $M$ durch ihre
Abweichungen $a$ von einem angenommenen Mittelwert $A$ ersetzt sind.
Da wir es diesmal nun aber mit zwei Variationsreihen zu tun haben, so
müssen wir natürlich auch mit zwei angenommenen Mittelwerten $A_x$
und $A_y$ arbeiten. Worauf wir hinauswollen, ist, in der Korrelationsformel
$D_x$ und $D_y$ durch $a_x$ und $a_y$ zu ersetzen.

Nun erinnern wir uns, daß zwischen $D$ und $a$ (vgl. S. 21 und Abb. 14)
die Beziehung besteht:

$$a = D + b.$$

Wir können also schreiben:

$$a_x = D_x + b_x,$$
$$a_y = D_y + b_y.$$

Dann können wir setzen

$$\Sigma\, p a_x \cdot a_y = \Sigma\, p\, (D_x + b_x)\,(D_y + b_y) = \Sigma\, p\, D_x D_y + \Sigma\, p D_x b_y + \Sigma\, p\, D_y\, b_x + \Sigma\, p\, b_x b_y\,.$$

Auf der rechten Seite dieser Gleichung fällt der zweite und dritte
Summand fort, da ja $\Sigma\, pD = 0$ ist (s. oben!), und der vierte wird vereinfacht geschrieben, indem für $\Sigma\, p$ ($=$ die Summe aller Individuen)
einfach $n$ gesetzt wird. Dann heißt die Gleichung:

$$\Sigma\, pa_x a_y = \Sigma\, pD_x D_y + nb_x b_y$$

oder in anderer Schreibart:

$$\Sigma\, pD_x D_y = \Sigma\, pa_x a_y - nb_x b_y\,.$$

Ersetzt man den bisherigen Zähler des Korrelationskoeffizienten
durch den neuen Ausdruck, so erhält man die **Berechnungsformel**
**des Korrelationskoeffizienten:**

$$r = \frac{\Sigma\, pa_x\, a_y - nb_x\, b_y}{n\,\sigma_x\,\sigma_y}\,.$$

Ähnlich wie wir es bei der ursprünglichen Formel und bei der Berechnungsformel für die Streuung kennenlernten, sieht auch diese Berechnungsformel umständlicher aus als die zuerst abgeleitete, erspart aber
wiederum vieles Rechnen mit Dezimalzahlen.

## Praktische Ausführung
## der Berechnung des Korrelationskoeffizienten.

Wir wählen in jeder der beiden in der Korrelationstabelle vereinigten Variationsreihen denjenigen Variantenwert, auf den die größte Individuenzahl entfällt, oder einen ihr benachbarten, zum angenommenen Mittelwert $A_x$ bzw. $A_y$. Durch stärkere Umrandung heben wir diese beiden Variantenwerte aus der Zahlenfülle der Korrelationstabelle heraus. Die so umrandete senkrechte Felderreihe, die sämtliche $A_x$-Individuen — in unserem Beispiel (Tab. 10) insgesamt 278 Individuen — umfaßt, und die umrandete waagerechte Felderreihe, die sämtliche $A_y$-Individuen umfaßt, kreuzen sich inmitten der Korrelationstabelle in einem Felde mit besonders hoher Individuenzahl, in unserem Beispiel mit der Höchstindividuenzahl, die die Tabelle überhaupt aufweist ($p = 76$).

Links von der $A_x$-Linie liegen alle negativen Werte der Abweichungen innerhalb der $X$-Reihe, also $a_x = -1, -2, -3$ usw., rechts die positiven Werte, also $a_x = +1, +2, +3$ usw. Diese Werte tragen wir in die Felderreihe am Kopf der Tabelle ein; jedem absoluten Variantenwert $V_x$ entspricht jetzt ein in einer geraden Zahl ausgedrückter Abweichungswert $a_x$. In ähnlicher Weise liegen über der $A_y$-Reihe die negativen, unter ihr die positiven Abweichungen der $Y$-Werte von $A_y$; diese Werte $a_y = -1, -2, -3$ usw. bzw. $+1, +2, +3$ usw. tragen wir in die links an der Tabelle herunterlaufende Felderreihe ein.

Das Ganze ist nichts anderes als eine *zwei*malige Durchführung jener „Umknickung" einer Variationsreihe, wie wir sie für die Mittelwerts- und Streuungsberechnung S. 13 und 24 übten.

Zur Vereinfachung der weiteren Arbeit und zur Vermeidung von Rechenfehlern versehen wir jetzt jedes Feld der Korrelationstabelle mit einem Index, der unserer Formel gemäß die Entfernung des betreffenden Feldes von $A_x$ einerseits und von $A_y$ andererseits in Form des Produktes $a_x a_y$ angibt. Diesen Index, der also z. B. in dem ersten Feld der ersten Reihe unserer Tabelle $-7 \cdot -3 = +21$ beträgt, in dem folgenden $-7 \cdot -2 = +14$, im nächsten 7, in der zweiten Reihe 24, 18 usw., schreiben wir unten rechts neben die Individuenzahl jedes Feldes — zweckmäßig mit Rotstift, jedenfalls so lange, bis wir eine genügende Übung in der Korrelationsrechnung erreicht haben. Die Vorzeichen können wir dabei weglassen, da ja innerhalb jedes der vier Quadranten, die durch die $A_x$-Felderreihe und die $A_y$-Felderreihe abgeteilt sind, stets dasselbe Vorzeichen herrschen muß: links oben $+$ (minus $\times$ minus), rechts unten $+$ (plus $\times$ plus), rechts oben und links unten $-$ (beidemal plus $\times$ minus). Diese Vorzeichen schreiben wir, ebenfalls mit roter Tinte, in die äußeren Ecken der Quadranten. Innerhalb des Kreuzes, das durch die $A_x$- und die $A_y$-Felderreihe gebildet wird, ist die Abweichung $a = 0$; die betreffenden Individuen repräsentieren ja den $A_x$- bzw. den $A_y$-Wert. Alle diese Indizes 0 tragen wir nicht erst ein.

So entsteht folgende Tabelle:

$X$-Reihe = Strahlenzahl der Afterflosse

Y-Reihe = Strahlenzahl der Rückenflosse

| $a$ | $-6$ | $-5$ | $-4$ | $-3$ | $-2$ | $-1$ | 44<br>$A_x$ | $+1$ | $+2$ | $+3$ | $+4$ |
|---|---|---|---|---|---|---|---|---|---|---|---|
| $-7$ | $+$ | | | $1_{21}$ | $1_{14}$ | $1_7$ | 1 | | | | — |
| $-6$ | | | $4_{24}$ | $4_{18}$ | $3_{12}$ | | 1 | | | | |
| $-5$ | | $1_{25}$ | $4_{20}$ | $7_{15}$ | $9_{10}$ | $2_5$ | 1 | | | | |
| $-4$ | | | $3_{16}$ | $14_{12}$ | $19_8$ | $6_4$ | 3 | $1_4$ | | | |
| $-3$ | | | $2_{12}$ | $19_9$ | $37_6$ | $28_3$ | 14 | $2_3$ | $1_6$ | | |
| $-2$ | $1_{12}$ | | $3_8$ | $22_6$ | $40_4$ | $56_2$ | 30 | $7_2$ | $2_4$ | | |
| $-1$ | | | | $7_3$ | $35_2$ | $57_1$ | 52 | $18_1$ | $4_2$ | $1_3$ | |
| 62   $A_y$ | 1 | 1 | | 6 | 21 | 51 | 76 | 27 | 10 | 1 | |
| $+1$ | | | | | $6_2$ | $40_1$ | 46 | $50_1$ | $14_2$ | $6_3$ | |
| $+2$ | | | | $1_6$ | | $11_2$ | 31 | $29_2$ | $19_4$ | $9_6$ | $1_8$ |
| $+3$ | | | | | | $9_3$ | 14 | $23_3$ | $16_6$ | $8_9$ | |
| $+4$ | | | | | | $1_4$ | 6 | $7_4$ | $15_8$ | $8_{12}$ | $2_{16}$ |
| $+5$ | | | | | | | 3 | $6_5$ | $5_{10}$ | $2_{15}$ | $2_{20}$ |
| $+6$ | | | | | | | | $2_6$ | $4_{12}$ | $1_{18}$ | $2_{24}$ |
| $+7$ | | | | | | | | $1_7$ | $1_{21}$ | | |
| $+8$ | — | | | | | | | | | | $+$ |
| $+9$ | | | | | | | | | | | $1_{36}$ |

Nunmehr können wir $\Sigma\, p\, a_x\, a_y$ berechnen. Wir rechnen Feld für Feld das Produkt aus jeweiliger Individuenzahl $(p)$ und Index $(a_x a_y)$, also das Produkt schwarze Zahl $\times$ rote Zahl, aus und addieren alle diese Produkte. Diese Rechnung führen wir gesondert einmal für die beiden positiven und einmal für die beiden negativen Quadranten durch, wie dies in der folgenden Tabelle an Hand unserer Korrelationstabelle geschieht:

| Qua-<br>drant | Produkte mit $+$ Vorzeichen | | Produkte mit $-$ Vorzeichen | |
|---|---|---|---|---|
| | links oben | rechts unten | rechts oben | links unten |
| | $1\cdot 21 = 21$ | $50\cdot 1 = 50$ | $1\cdot 4 = 4$ | $6\cdot 2 = 12$ |
| | $1\cdot 14 = 14$ | $14\cdot 2 = 28$ | $2\cdot 3 = 6$ | $40\cdot 1 = 40$ |
| | $1\cdot 7 = 7$ | $6\cdot 3 = 18$ | $1\cdot 6 = 6$ | $1\cdot 6 = 6$ |
| | $4\cdot 24 = 96$ | $29\cdot 2 = 58$ | $7\cdot 2 = 14$ | $11\cdot 2 = 22$ |
| | $4\cdot 18 = 72$ | $19\cdot 4 = 76$ | $2\cdot 4 = 8$ | $9\cdot 3 = 27$ |
| | $3\cdot 12 = 36$ | $9\cdot 6 = 54$ | $18\cdot 1 = 18$ | $1\cdot 4 = 4$ |
| | $1\cdot 25 = 25$ | $1\cdot 8 = 8$ | $4\cdot 2 = 8$ | |
| | $4\cdot 20 = 80$ | $23\cdot 3 = 69$ | $1\cdot 3 = 3$ | |
| | . | . | | |
| | . | . | | |
| | . | . | | |
| | $+2037$ | $+1145$ | $-67$ | $-111$ |
| | $+3182$ | | $-178$ | |

$$+3182$$
$$-\ 178$$
$$\Sigma\, p\, a_x\, a_y = +3004$$

Durch die Zusammenlegung der Summe der Produkte mit positivem Vorzeichen mit der Summe der Produkte mit negativem Vorzeichen, in unserem Falle also durch die Rechnung

$$+3182$$
$$- 178$$

erhalten wir $\varSigma\, p\, a_x\, a_y = \overline{+3004}.$

Damit ist das erste Glied des Zählers des Korrelationskoeffizienten berechnet.

Die Berechnung des zweiten Zählergliedes $n\, b_x\, b_y$, des Nenners $n\, \sigma_x\, \sigma_y$ und die schließliche Division Zähler : Nenner erfolgt, nachdem $b_x$, $\sigma_x$, $b_y$ und $\sigma_y$ in der früher geübten Weise berechnet ist (vgl. S. 13 und 24). Bei logarithmischer Rechnung muß man natürlich, um $n\, b_x\, b_y$ subtrahieren zu können, vorher den Numerus aufschlagen.

In unserem Beispiel ergibt sich schrittweise:

$$r = \frac{\varSigma\, p\, a_x\, a_y - n\, b_x\, b_y}{n\, \sigma_x\, \sigma_y} = \frac{+\,3004 - 1120 \cdot (-0{,}39 \cdot -0{,}28)}{1120 \cdot 1{,}60 \cdot 2{,}39} = \frac{3004 - 122{,}3}{4282{,}9}$$

$$r = +\,0{,}67$$

*Rechnungseinheit, nicht Maßeinheit.* In dem soeben durchgerechneten Beispiel unterscheiden sich die einander folgenden Variantenwerte $V$ immer um 1 voneinander, also um den gleichen Betrag, um den sich die Abweichungswerte $a$ voneinander unterscheiden. Wäre der Unterschied zwischen je zwei solchen Variantenwerten eine Dezimalzahl oder ein Vielfaches von 1, hätten wir also z. B. mit den Variantenwerten 2,00, 2,25, 2,50, 2,75 usw. zu operieren, so wären bei der Einsetzung der Streuungswerte in die Formel des Korrelationskoeffizienten *nicht* die absoluten Streuungsbeträge, sondern die *noch* in der Abweichungseinheit 1 ausgedrückten, also die mit Hilfe von $a = 1$, $a = 2$ usw. berechneten, aber noch nicht umgerechneten (vgl. S. 15) Streuungsbeträge zu benutzen.

## *Mittlerer Fehler des Korrelationskoeffizienten.*

Wie jede andere Zahlenangabe besitzt auch der Korrelationskoeffizient einen mittleren Fehler, für den die Formel gilt:

$$m_r = \frac{1 - r^2}{\sqrt{n}}\,.$$

Im vorliegenden Beispiel ist also der Korrelationskoeffizient unter Beifügung seines mittleren Fehlers wie folgt zu schreiben:

$$r = +\,0{,}67 \pm 0{,}02.$$

## Anhang zu Übung 10. *Regression.*

Wenn sich von zwei miteinander korrelierten Eigenschaften $X$ und $Y$ die eine in ihrem Zahlenwert ändert, so ändert sich mit mehr oder weniger großer Wahrscheinlichkeit auch die andere; darin liegt ja das Wesen einer Korrelation. Daher muß einem bestimmten Betrage, um den beispielsweise der Wert von $Y$ sich ändert, im Durchschnitt ein ganz bestimmter Betrag entsprechen, um den auch der Wert von $X$ sich ändert, indem dieser sich bei positiver Korrelation vergrößert, bei negativer verringert.

Den Betrag, um den der Zahlenwert von $X$ sich im Durchschnitt ändert, wenn der Wert von $Y$ sich *um eine Maßeinheit* ändert, nennt man die Regression der Eigenschaft $X$ zur Eigenschaft $Y$.

Die Regression wird nach der einfachen Formel berechnet:

$$R_{\frac{x}{y}} = r \cdot \frac{\sigma_x}{\sigma_y}\,.$$

In dem Regressionswert kommt also einerseits die Engheit der Korrelation $(r)$, andererseits das gegenseitige Verhältnis der beiden Streuungswerte $\left(\frac{\sigma_x}{\sigma_y}\right)$ zum Ausdruck. Dabei wird mit wachsender Korrelation der Regressionswert diesem Streuungsverhältnis immer ähnlicher, um bei absoluter Korrelation $(r = 1)$ mit ihm zahlenmäßig identisch zu sein.

Für unser Beispiel (Tab. 10) ergibt sich

$$R_{\frac{x}{x}} = +\,0{,}45\,.$$

Die Regression der Afterflossen-Strahlenzahl zur Rückenflossen-Strahlenzahl liegt etwas unter $^1/_2$. Mit anderen Worten: Die durchschnittliche Vergrößerung der Afterflossen beträgt nicht ganz $^1/_2$ Strahl, wenn die Rückenflossen sich um einen Strahl vermehren. Oder besser, weil anschaulicher: Eine durchschnittliche Zunahme der Afterflossen um einen Strahl tritt bei einer Zunahme der Rückenflossen um zwei Strahlen ein.

*Maßeinheit,* nicht *Rechnungseinheit.* Da die Regression sich auf den tatsächlichen Zuwachs der einen wie der anderen Eigenschaft bezieht, so sind als Streuungswerte $\sigma_x$ und $\sigma_y$ der Regressionsformel die absoluten Streuungsbeträge einzusetzen. Die bei der — der Regressionsberechnung ja stets vorhergehenden — Berechnung des Korrelationskoeffizienten benutzten Werte von $\sigma_x$ und $\sigma_y$ (vgl. S. 67) müssen also, falls der Unterschied zwischen je zwei einanderfolgenden Variantenwerten $V$ nicht $= 1$, sondern z. B. $= 0{,}25$ usw. ist, mit dem Werte ihres Spielraums multipliziert, also in die absoluten Beträge umgerechnet werden, bevor sie in die Regressionsformel eingesetzt werden.

# II. Genanalyse.

## Übung 11.

### *Drosophila*. Wildform und Mutanten.

*Material und Aufgabe.*

Es werden von normalen Weibchen und Männchen von *Drosophila melanogaster* Kanadabalsampräparate hergestellt bzw. verteilt, dgl. von einer Reihe von Mutanten.

Die längere Zeit vorher mit Äther abgetöteten Tiere kommen zuerst in 70% Alkohol, dann, nach jeweils mehrtägigem Aufenthalt in der betr. Flüssigkeit, in 85%, 95% und 100% Alkohol, schließlich in Xylol oder

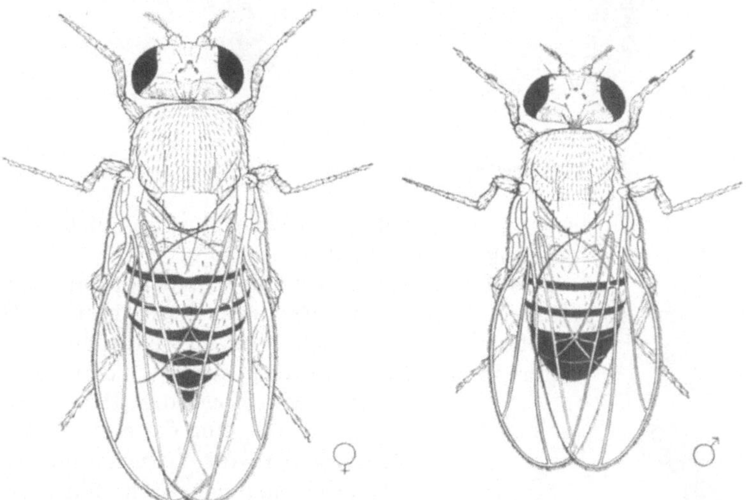

Abb. 38. Weibchen und Männchen von *Drosophila melanogaster*, stark vergrößert. (Nach T. H. MORGAN.)

Nelkenöl, worin das Material bis zum Kursus aufbewahrt bleibt. Von hier aus werden die Objekte einzeln in einen Balsamtropfen überführt und mit einem Deckgläschen zugedeckt. Dabei sind die Tiere so zu legen, daß je nachdem die Augen, die Flügel usw. im Dauerpräparat gut betrachtbar bleiben. Unter die Deckglasecken kommen Wachsfüßchen.

Die Geschlechtsunterschiede und die wichtigsten morphologischen Charaktere der Wildform sind zu untersuchen und zu zeichnen. Ebenso sind die Charaktere der Mutanten zu untersuchen und im Bilde festzuhalten.

### *Geschlechtsunterschiede.*

Man stelle das Geschlecht zuerst bei schwacher mikroskopischer Vergrößerung oder bei Lupenvergrößerung fest. Bei genügender Übung

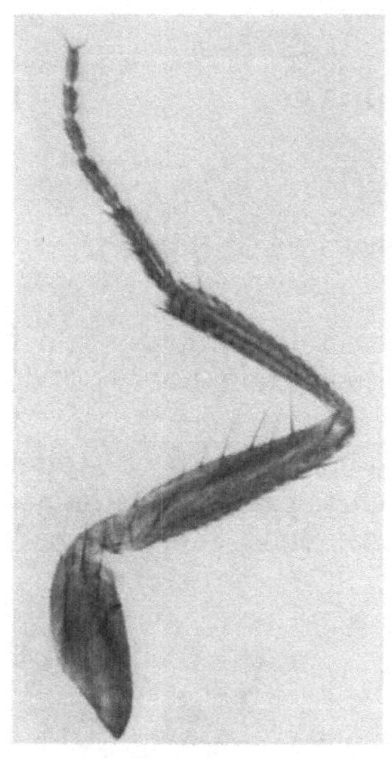

Abb. 39. Vorderbein *a* des Weibchens, *b* des Männchens von *Drosophila melanogaster*, stark vergrößert.

kann man die beiden Geschlechter oft auch mit bloßem Auge unterscheiden.

Das Weibchen ist oft sofort an dem prall mit Eiern gefüllten Hinterleib zu erkennen, dessen hinteres Ende, von oben betrachtet, zugespitzt aussieht (Abb. 38); der Hinterleib des Männchens ist schmal und endet in der Ansicht von oben in glattrundem Umriß (Abb. 38). Von der Seite bieten die Hinterleiber von Weibchen und Männchen die entsprechenden Bilder.

Der Anfänger hält sich bei der Geschlechtsunterscheidung am besten an einen sekundären Geschlechtscharakter des Männchens. Bei diesem tragen die Vorderbeine am ersten Tarsalglied (Abb. 39 *b*) eine Reihe dicker, steifer, dunkelgefärbter Borsten, die wie ein Kamm oder in anderer Ansicht wie ein starker Dorn (Abb. 40 *a*)

Abb. 40. Zwei Ansichten des Geschlechtskamms des *Drosophila*-Männchens bei noch stärkerer Vergrößerung.

aussieht. Dem Weibchen fehlt (Abb. 39a) ein solcher Geschlechtskamm. Man hüte sich, den Beinen anhaftende kleine Schmutzteilchen für den Geschlechtskamm zu halten, indem man in jedem nicht völlig sicheren Fall stärker vergrößert, so daß man die „Zacken" des Kammes deutlich sehen kann (Abb. 40b). Man hüte sich umgekehrt, weil man wegen mangelnder Übung den Kamm bei einem Tier nicht sogleich entdeckt, dieses sofort für ein Weibchen zu erklären.

Bereits an der älteren Puppe läßt sich das Geschlecht so feststellen.

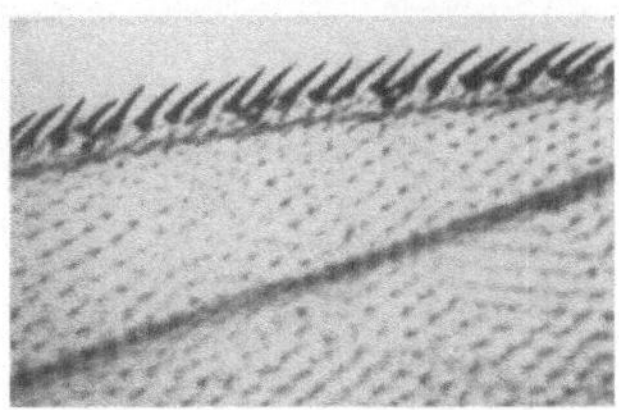

Abb. 41. Borsten am Flügelvorderrand von *Drosophila*, Wildform.

### *Mutanten.*

Die Mutanten beziehen sich auf die verschiedensten Charaktere der Fliege; wir betrachten mutativ abgeänderte Körperfarben, Augenfarben, Augenformen und Flügel.

a) **Körperfarben.** Die normale Farbe der wilden Form ist graubraun. Schon mit bloßem Auge lassen sich leicht davon unterscheiden die Körperfarben schwarz (*black*) und gelb (*yellow*). Unter dem Mikroskop ermöglichen auch die Flügel eine schnelle Erkennung der Farbe. Die Borsten am Flügelvorderrand sind bei der gelben Mutante durchschei-

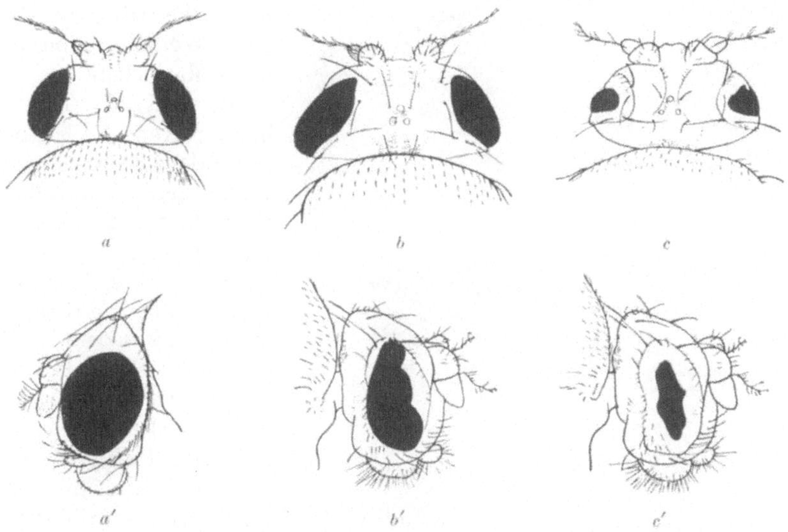

Abb. 42. *a*, *a′* normales Auge, *b*, *b′* heterozygotes Auge, *c*, *c′* Bandauge von *Drosophila melanogaster*. (Nach T. H. MORGAN.)

nend gelblich, bei der Normalform dunkelgrau (Abb. 41). Bei der Mutante schwarz sind die Flügeladern von einem schwärzlichen Doppelsaum umgeben.

b) **Augenfarben.** Die Augenfarben weiß (*white*), eosin (*eosin*) und sepia (*sepia*) lassen sich von dem Dunkelrot der Wildform stets

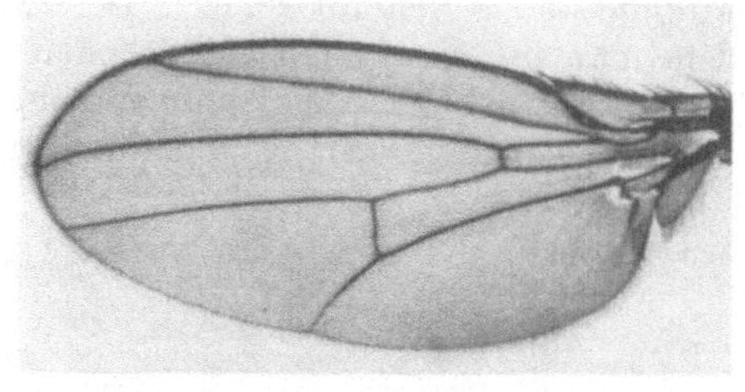

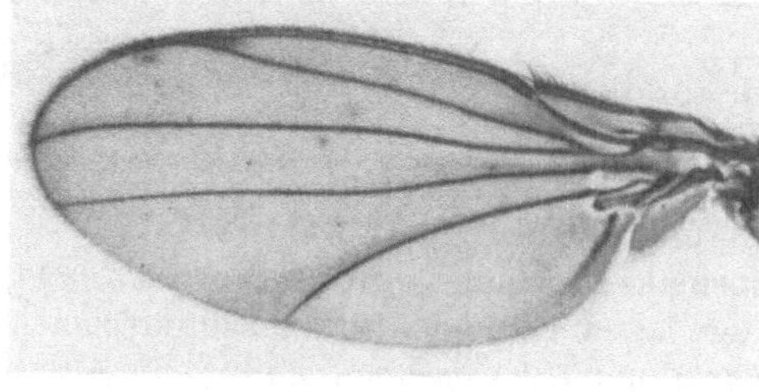

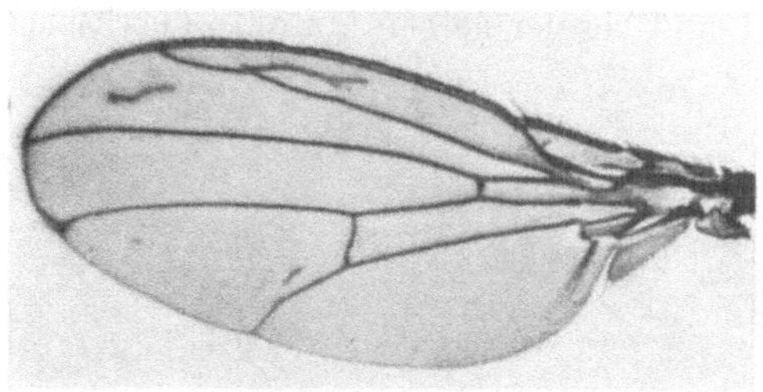

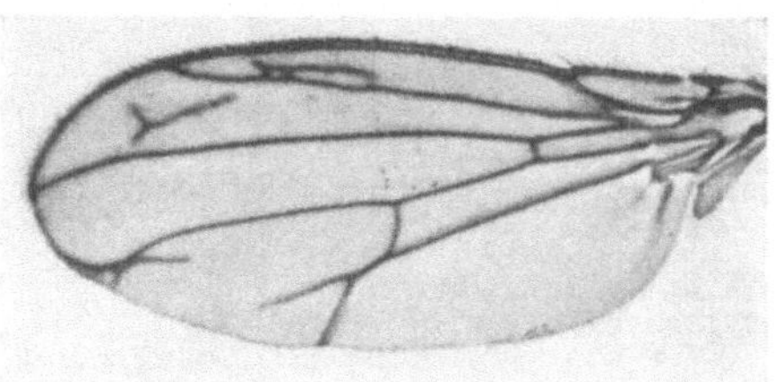

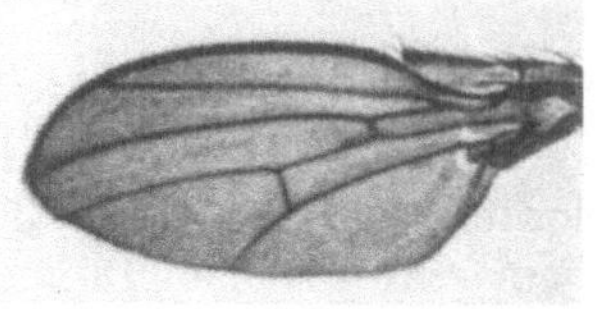

Abb. 43. Flügel von *Drosophila melanogaster*, *a* Wildform, *b* queraderlos, *c*, *d* überzählige Adern, *e* Miniaturflügel.

sofort mit bloßem Auge unterscheiden. Eosin ist beim Männchen heller als beim Weibchen, indem es beim ersteren mehr nach Gelb, beim letzteren mehr nach Rot hin geht. Sepia ist ein tief sattes Kaffeebraun. Bei weiß fehlt das Augenpigment.

c) Augenformen. Bandäugigkeit (*Bar*) (Abb. 42) ist gegenüber der normalen Rundäugigkeit durch die starke Verschmälerung des Auges und durch die entsprechend starke Verringerung der Facettenzahl charakterisiert. Letztere beträgt beim Weibchen 70±, beim Männchen 90± gegenüber der normalen Facettenzahl 780± beim Weibchen und 740± beim Männchen.

d) Flügel. Teils mit bloßem Auge, teils bei Lupen- oder schwacher mikroskopischer Vergrößerung betrachten wir die Mutanten der Aderausbildung queraderlos (*crossveinless*) und überzählige Adern (*plexus*) und die Mutanten der Flügelverkürzung miniaturflügelig (*miniature*) und stummelflügelig (*vestigial*).

Der Mutante queraderlos (Abb. 43 *b*) fehlt sowohl die sog. vordere Querader, die bei der Wildform zwischen der III. und IV. Längsader, mehr flügelbasalwärts, verläuft, als auch die sog. hintere Querader, die normalerweise zwischen IV. und V. Längsader, mehr flügelrandwärts, eine Querverbindung herstellt. Die vordere Querader kann bei der Mutante auch unvollständig vorhanden sein.

Die Mutante plexus (Abb. 43 *c, d*) bietet durch die überzählig gebildeten Adern, die teils in geringerer, teils in größerer Zahl und an
verschiedenen Stellen des Flügels auftreten können, ein Bild ziemlicher
Mannigfaltigkeit in der Ausprägung des pathologischen Charakters.

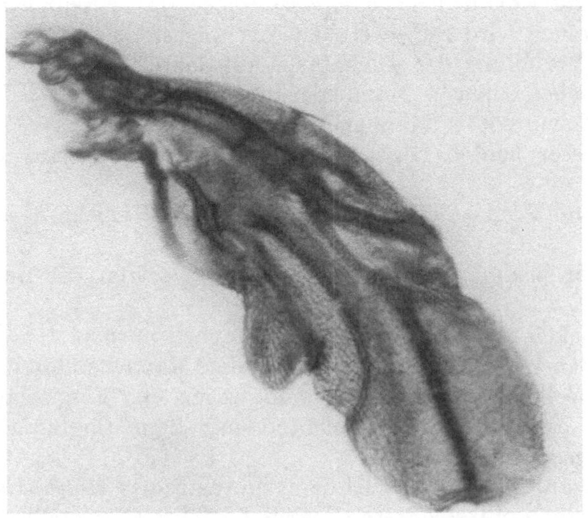

Abb. 44. Stummelflügel von *Drosophila melanogaster* (*vestigial*-Männchen
aus einer 25,2°-Kultur). Vergrößerung ca. 100 ×. (Nach H. RIEDEL.)

Der Miniaturflügel (Abb. 43*e*) ist wesentlich kleiner und viel dunkler im Aussehen als der normale Flügel.

Der Stummelflügel (Abb. 44) stellt eine außerordentlich starke
Abweichung von der Norm dar (vgl. S. 39). Die Tiere können mit
den stark rückgebildeten, meist vom Körper weg getragenen Flügeln
nicht mehr fliegen; sie können nur laufen und hüpfen. Auch die
Schwingkölbchen (Halteren) sind stark rückgebildet. Die beiden hin-
teren Borsten auf dem Scutellum stehen senkrecht (vgl. Abb. 24*a* mit
Abb. 38).

Übung 12.

### Ausführung eines Mendel-Versuchs mit
### *Drosophila melanogaster.*

*Material und Aufgabe.*

Jeder Teilnehmer erhält einige aus Reinzuchten entnommene
Essigfliegen (Taufliegen, Fruchtfliegen) (*Drosophila melanogaster*), teils Männchen, teils unbefruchtete Weibchen, und zwar
1. normale Tiere (Wildform), 2. Tiere der Mutante sepiaäugig,
3. stummelflügelige Tiere.

Es sind die nachstehend aufgeführten Kreuzungsversuche (Men-
del-Versuche) anzusetzen und während der folgenden 3—5 Wochen
durchzuführen.

Es ist dabei nicht notwendig, daß jeder einzelne Praktikant jeden Versuch selbst ausführt; vielmehr können die Versuche dieser und der folgenden Übungen so auf die Praktikanten verteilt werden, daß jedem einzelnen mehrere verschiedene Versuche übertragen werden, im ganzen aber jeder Einzelversuch möglichst mehrmals zur Durchführung kommt.

Bei Zeitknappheit genügt es, nur Versuch I a oder I b durchzuführen.

*Drosophila*-Versuch I. *Kreuzung sepiaäugig × rotäugige Wildform.*

Der Versuch wird auf zweifache Art angestellt, nämlich unter verschiedener Verteilung der Augenfarbe auf das Geschlecht, also

a) Weibchen sepia × Männchen rot,

b) Weibchen rot × Männchen sepia.

Jede dieser beiden reziproken Kreuzungen wird gesondert durchgeführt.

*Drosophila*-Versuch II. *Kreuzung stummelflügelig × langflügelige Wildform.*

Statt der beiden reziproken Kreuzungen setzen wir nur den Versuch an:

a) Weibchen stummelflügelig × Männchen normal.

b) Für den Versuch, das stummelflügelige Männchen mit dem normalflügeligen Weibchen zu kreuzen, sind wegen der Flugunfähigkeit des Männchens die Begattungsaussichten mit dem flugfähigen Partner wesentlich geringer.

Als Ausgang jedes Versuchs dient ein einzelnes *Drosophila*-Pärchen. Man kann auch mit mehreren Tieren beginnen; methodisch sauberer ist es indessen, von einem Einzelpärchen auszugehen. Die aus dieser Paarung entspringenden Nachkommen ($F_1$-Generation) sind auf ihre Augenfarbe bzw. Flügelgestalt hin anzusehen. Sie werden untereinander — am besten wieder in Einzelpärchen, sonst zu wenigen Tieren oder schließlich auch als Massenzucht — zur Fortpflanzung gebracht.

Die Tochter-Generation aus dieser Kreuzung ($F_2$-Generation) ist Tier für Tier auf die Augenfarbe bzw. Flügelgestalt hin, zugleich auch auf das Geschlecht, zu untersuchen und auszuzählen.

### *Zuchttechnik.*

Als Zuchtgefäße sind, je nach dem zur Verfügung stehenden Gläsermaterial, die verschiedensten Formen und Größen zu benutzen, da die Länge unserer Fliege nur wenige mm beträgt. Man kann also in gewöhnlichen Reagenzgläsern, kleinen Sammelgläsern (2—3 cm Durchmesser, 5—10 cm Höhe) u. ä. *Drosophila*-Zuchten durchführen. Von Gläsern etwas größeren Formats sind besonders gut geeignet kleine Milchflaschen. Wenn man das Glasmaterial erst neu beschafft, so beziehe man von den Vereinigten Laborbedarfs- und Glaslieferungs-G. m. b. H. (Berlin SO 36) die eigens für *Drosophila*-Zuchten hergestellten Flaschen (Abb. 45), die in zwei Größen (250 g und 100—125 g Inhalt) erhältlich sind.

Am Boden des Gefäßes befindet sich die Futtermasse. Ihr liegen die unteren, rechtwinklig umgeknickten Enden mehrerer (4—6) aufeinanderliegender Fließpapierstreifen auf, die zur Kompensierung der sonst zu großen Feuchtigkeit ins Zuchtgefäß hineingestellt werden, wobei sich ihre Länge und Breite nach den Maßen des Zuchtgefäßes richtet (für eine Flasche etwa 10 cm lang und 3 cm breit).

Die Gläser müssen mit einem Zellstoff- oder Wattebausch gut verschlossen sein; zwischen Pfropf und Flaschenhals dürfen keine Lücken oder Spalträume bleiben, die den Tieren ein Entweichen möglich machen und die auch für außerhalb des Glases herumfliegende Drosophilae — solche gibt es fast unvermeidlich in einem Raum, in dem viel mit *Drosophila* gearbeitet wird — einen Zugang bieten können.

Als Nahrung für *Drosophila* können die verschiedensten gärenden Stoffe dienen. Jederzeit leicht und billig herzustellen und daher für die Pflege der Stammkulturen zu empfehlen ist folgende Pflaumenmus-Agar-Mischung: Getrocknete Pflaumen bleiben über Nacht in Wasser stehen oder werden, falls die Herstellung der Futtermasse schnell erfolgen soll, in reichlichem Wasser weichgekocht; dann werden sie entkernt, dabei nach Möglichkeit zerteilt und zerquetscht und in nicht zuviel Wasser aufgekocht. Zugleich löst man in einem zweiten Gefäß Agar-Agar in genügender Wassermenge auf — pro 1 Pfund trockener, nicht entkernter Pflaumen ca. 10 g Agar-Agar — gießt die zähe Flüssigkeit zu dem Pflaumenbrei, kocht unter Umrühren nochmals auf, stellt den Topf

Abb. 45. *Drosophila*-Zuchtgefäß.
(Nach STERN.)

gut verschlossen in ein Wasserbecken und läßt die Masse erkalten, letzteres am besten nicht in demjenigen Raum, in dem die Fliegen kultiviert werden, um dadurch und durch den sorgsamen Verschluß des Topfes die Möglichkeit unbefugter Eiablage durch ein umherfliegendes Drosophila-Weibchen, das sonst durch den Geruch angelockt werden könnte, auszuschließen. Von dem erkalteten steifen Brei gibt man einige gehäufte Teelöffel — etwa 3 für die Nachkommenschaft eines Einzelpärchens, 5—6 für eine Stammkultur — in das Zuchtglas. Darüber gießt man eine Löffelspitze voll einer milchig gefärbten Hefe-Aufschwemmung.

Statt Backpflaumen kann man auch in Scheiben geschnittene Bananen, gehälftete frische Pflaumen, Stücke von weichen Birnen u. ä., mit oder ohne Zusatz von Agar-Agar (pro 100 g Banane 2 g Agar-Agar), aber stets mit Hefe-Zusatz, geben.

Sollte die Futtermasse während der Zucht sauer werden, eine Flüssigkeitsschicht sich über ihr bilden, oder Schimmelbildung eintreten, so setzt man die Tiere um, behält aber der möglicherweise bereits erfolgten Eiablage wegen das bisher benutzte Glas weiter unter Beobachtung.

Als Zuchttemperatur genügt gewöhnliche Zimmertemperatur. Als Temperatur-Optimum können 24—25° gelten. Bei dieser Temperatur dauert die Entwicklung einer Generation von Imago zu Imago nicht mehr als etwa 10 Tage.

Als Stammkulturen halte man die Wildform und die in Übung 11 besprochenen Mutantenstämme ständig in sorgfältiger Pflege und ständig auch unter Kontrolle, damit keine Verunreinigungen in bezug auf die Erbreinheit der Stämme eintreten. In regelmäßigen Abständen von etwa 2—3 Wochen (je nach der Haltungstemperatur) müssen die Kulturen in neue Gläser umgesetzt werden. Am besten geschieht dies in den ersten Tagen nach dem Ausschlüpfen einer jungen Generation. Die bis dahin benutzten Zuchtgefäße, die immer noch reichlich Larven und Puppen zu enthalten pflegen, stellt man indes nicht sogleich ab, sondern behält sie sicherheitshalber noch so lange in Pflege, bis die neu angesetzten Kulturen gut angegangen sind; andernfalls kann durch irgendein Mißgeschick ein ganzer Stamm aussterben.

Das Umsetzen der Fliegen geschieht folgendermaßen: Man lockert durch vorsichtiges Herausdrehen den Wattebausch des Zuchtglases, stößt das Glas leicht, aber doch mit genügender Stärke mehrmals schnell hintereinander auf ein mehrfach gefaltetes Tuch oder eine andere weiche Unterlage auf, entfernt rasch den Bausch und stülpt ein leeres Glas von gleicher Halsweite wie das Zuchtglas auf dieses auf. Dann hält man die fest aneinanderschließenden Gläser schräg mit dem Boden des leeren Glases zum Licht; zum Überfluß kann man mit den Händen das Zuchtgefäß verdunkeln. Die vorher durch den Stoß hinabgeschleuderten Drosophilae fliegen und laufen alsbald in überwiegender Mehrzahl in das leere Glas. Nach wenigen Minuten hebt man die Gläser auseinander, wobei man das Abfangglas in seiner bisherigen Lage, also mit der Öffnung nach unten, hält, während man das untere Glas nochmals kräftig aufstößt, verschließt rasch beide Gläser und schüttelt schließlich die Fliegen aus dem Abfangglas in das neue Zuchtglas. Es ist peinlichst darauf zu achten, daß in dem Abfangglas keine Fliege zurückbleibt, die bei weiterer Umsetzarbeit in ein falsches Glas kommen und die betr. Kultur verunreinigen könnte.

Will man nur einzelne Fliegen zu Untersuchungs- und Kreuzungszwecken aus dem Zuchtglas herausholen, so stülpt man auf dieses einen Glastrichter so hinauf, daß sein Rand fest über dem Flaschenhalsrand liegt, hält Glas und Trichter mit der linken Hand zusammen und hält mit der rechten ein entsprechend enges Röhrchen an die Trichterhalsöffnung; der Trichter steht dabei also verkehrt, mit der Weite nach unten, auf dem Zuchtglas. Die im Gänsemarsch durch das Trichterrohr

zum Licht hineilenden Fliegen läßt man einzeln in das Röhrchen hinein-
laufen, schließt das Trichterrohr mit dem linken Zeigefinger, das Röhrchen erst mit dem rechten Daumen, dann mit einem Wattepfröpfchen,
und isoliert so in einer Reihe von Röhrchen die gewünschte Anzahl von
Tieren, die man zum Zweck der Untersuchung mittels eines in das Röhrchen hineingedrehten Wattezöpfchens festhalten kann.

Einfacher ist es, eine Anzahl von Fliegen in der zuerst geschilderten
Weise mittels eines Abfangglases aus dem Zuchtgefäß abzufangen, zu
betäuben, auf weißes Papier zu schütten und mit Lupe oder Binokular-
mikroskop zu untersuchen. Tiere, die man isolieren will, befördert man
vorsichtig mit einem schmalen Pinselchen von geringer Borstenhärte in
die einzelnen Isolierröhrchen.

Zur Betäubung bringt man in das Abfangglas einen mit wenigen
Tropfen Äther beschickten Fließpapierstreifen oder Wattebausch; diesen
nimmt man, sobald die Tiere sich nur noch schwach bewegen, wieder
heraus, um die Tiere sogleich nach Eintritt von Bewegungslosigkeit aus
dem Ätherisiergefäß herauszuschütten, damit sie durch zu langen Aufenthalt im Ätherglas nicht abgetötet werden. Die Untersuchung und
Sortierung muß natürlich sofort vor sich gehen, da die Fliegen nach
einigen Minuten aus der Narkose erwachen.

Versuchstechnik.

Geschlechtsunterscheidung: s. S. 70.

Die Weibchen müssen als frischgeschlüpfte Tiere (spätestens acht
Stunden nach dem Schlüpfen) der Reinkultur entnommen oder einfacher
bereits als Puppen isoliert worden sein, damit sie sicher unbefruchtet
sind.

Die Augenfarbe Rot bzw. Sepia ist für die meisten Beobachter ohne
Hilfsmittel leicht feststellbar; für schwächere Augen genügt schwache
Lupenvergrößerung.

Ebenso ist ein stummelflügeliges Tier mit bloßem Auge oder bei
schwacher Lupenvergrößerung stets mit Sicherheit von einem normal
langflügeligen Tier zu unterscheiden. Allerdings werden frischgeschlüpfte normale Fliegen vom Anfänger leicht für stummelflügelig
gehalten, weil die Flügel eines Tieres, das die Puppe erst kurz zuvor verlassen hat, noch nicht entfaltet sind und daher ihre endgültige Größe und
Gestalt noch nicht erreicht haben. Bei näherem Zusehen, gegebenenfalls
unter Zuhilfenahme einer Lupe, kann man aber einen solchen noch un-
entfalteten Normalflügel leicht an der regelmäßigen Art seiner Zusam-
menfaltung erkennen.

Etikettierung und Protokollführung. Es kann nicht dring-
lich genug betont werden, daß sämtliche Gläschen sofort mit einer alle
notwendigen Angaben, auch das Datum, tragenden Etikette zu versehen sind. Über den Versuchsverlauf ist ein alle Einzelangaben ent-
haltendes Protokoll zu führen. In bezug auf beides neigt der Anfänger
dazu, sich auf sein Gedächtnis zu verlassen. Die Folge davon sind nur
zu leicht Verwechslungen oder Unvollständigkeit der Ergebnisse.

Die Versuchsdauer ist vor allem von der Temperatur abhängig, bei der die
Kulturen gehalten werden. Im allgemeinen kann man mit einer Zeitspanne von
insgesamt 3—5 Wochen für den Gesamtversuch vom Zusammensetzen der $P$-Pär-
chen bis zum Ausschlüpfen der $F_2$-Fliegen rechnen. Man achte demgemäß auf die
rechtzeitige Einordnung der *Drosophila*-Versuche in das Vererbungs-Praktikum;
die Verteilung der Ausgangskulturen und die Anweisung zur *Drosophila*-Zucht
lassen sich an jeder beliebigen Stelle unserer Übungen einschalten, sogar in die erste
Kursstunde überhaupt verlegen. Steht kein geeigneter Aufbewahrungsplatz für
zahlreiche *Drosophila*-Gläser zur Verfügung, so kann jeder Kursteilnehmer die Versuche leicht auch zu Hause durchführen; das Nachsehen der Versuchsgläser, besonders zur Zeit des Schlüpfens, wird dadurch vielleicht sogar erleichtert.

Versuchsverlauf. Wenige Tage nach dem Zusammensetzen des
Zuchtpärchens bemerkt man bei sorgsamer Betrachtung der Oberfläche
der Futtermasse die etwa $^1/_2$ mm langen weißlichen Eier (Abb. 46), die
mit ihren (luftzuführenden?) Fortsätzen (Filamenten) aus der Futtermasse herausragen, ja meist sogar bereits kleine Maden, die schnell
heranwachsen und sich an den Glaswänden,
auf und zwischen den Fließpapierstreifen,
am Wattepfropf, auf der Musoberfläche
verpuppen.

Beim Auftreten der ersten $F_1$-Puppen,
d. h. derjenigen, die sich aus den Eiern des
$P$-Pärchens entwickelt haben, entferne man
sogleich die Elterntiere, um sicher zu sein,
daß die in den folgenden Tagen im Glase
befindlichen Fliegen sämtlich der $F_1$-Gene-
ration angehören. Die abgefangenen $P$-Tiere

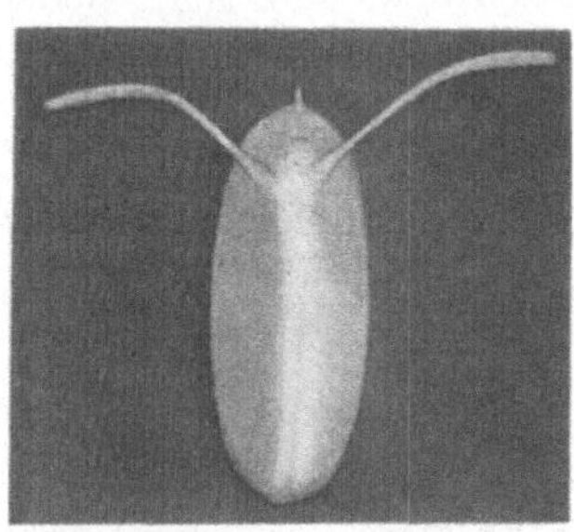

Abb. 46. *Drosophila melanogaster*,
Ei, stark vergrößert.
(Nach A. H. STURTEVANT.)

kontrolliere man sicherheitshalber nochmals
auf ihre Merkmale; diese Vorschrift erweist
sich für die Teilnehmer an einem einführen-
den Praktikum als unbedingt notwendig. Will man die $F_1$-Tiere in
Einzelpärchen weiterzüchten, so isoliere man sie bereits auf dem
Puppenstadium. Augenfarbe und Geschlecht lassen sich an älteren Puppen erkennen.

Da im Gegensatz zur $F_1$-Generation, von der nur einige Pärchen zur
Weiterzucht gelangen, die $F_2$-Generation vollständig erfaßt werden soll, so müssen besondere Maßnahmen getroffen werden, um eine
Überschneidung der $F_2$-Generation nicht nur mit der $F_1$-Generation —
dies geschieht einfach wieder durch rechtzeitiges Abfangen der $F_1$-Tiere—,
sondern vor allem mit einer $F_3$-Generation zu vermeiden. Denn da die
Legetätigkeit eines *Drosophila*-Weibchens sich über mehrere Wochen erstrecken kann, so können womöglich, wenn man keine Vorsichtsmaß-
nahmen trifft, die ersten $F_2$-Fliegen ausschlüpfen und selbst bereits Eier
ablegen zu einem Zeitpunkt, zu dem ihre jüngsten Geschwister sich noch
auf dem Stadium junger Larven befinden. Die aus den Eiern dieser
$F_2$-Fliegen sich entwickelnden $F_3$-Tiere können sich dann in ihrer Entwicklung den jüngsten $F_2$-Tieren zeitlich eng anschließen, ohne daß eine
scharfe Grenze zwischen den beiden Generationen feststellbar wäre. Da
in solchem Falle der Versuch wertlos wird oder doch, zur Vermeidung
einer Überschneidung, vorzeitig abgebrochen werden muß, also keine

vollzählige $F_2$-Generation liefert, so schlägt man bei der Heranzucht der $F_2$-Generation einen von folgenden zwei Wegen ein:

1. Sofort nach dem Schlüpfen der ersten Tiere fängt man in regelmäßigen Zwischenräumen, die so kurz sind, daß während derselben keine Befruchtungen und Eiablagen erfolgen, sämtliche jeweils im Zuchtglas vorhandenen Fliegen ab. Eine täglich zweimalige Kontrolle genügt im allgemeinen; bei subtilen Versuchen arbeite man mit 8stündigen Intervallen!

2. Einfacher ist es, das $F_1$-Pärchen nur wenige (3—5) Tage im Zuchtgefäß zu belassen, dann in ein neues Zuchtglas überzuführen, nach der gleichen Zeitspanne erneut umzusetzen, und durch solch wiederholtes Umsetzen die Gesamtlegetätigkeit des Weibchens künstlich in Abschnitte von kürzerer Dauer zu zerlegen. Innerhalb jedes Glases schlüpfen die $F_2$-Fliegen nun ebenfalls innerhalb engerer Zeitspannen aus ihren Puppen, und die Gefahr einer unbemerkbaren Generationenüberschneidung ist daher auch dann so gut wie ausgeschlossen, wenn man die geschlüpften $F_2$-Tiere nur alle 1—2 Tage abfängt.

Die abgefangenen $F_2$-Tiere werden mit Äther getötet und, wenn sie nicht sogleich untersucht werden können, in 70% Alkohol oder, wenn die Untersuchung erst nach Wochen stattfinden kann, in 4% Formol aufbewahrt.

Auszählung. Bei der Untersuchung sortiert man die $F_2$-Fliegen zuerst nach der Augenfarbe bzw. nach der Flügelgestalt. Innerhalb jeder Merkmalskategorie zählt man dann die Männchen und Weibchen aus und protokolliert sie in einer Tabelle, wobei man zweckmäßig die Geschlechtssymbole einträgt, nicht einfach Striche in eine Spalte „Männchen" bzw. „Weibchen" macht (s. nebenstehende Tabelle).

| rot | sepia |
|---|---|
| ♂♂♂ | ♂♂ |
| ♀♀ | ♀♀♀♀ |

*Versuchsauswertung.*

*Versuch I.*

1. Jede Mendelanalyse bezieht sich auf ein Paar von Merkmalen, schärfer gesagt, auf die Unterschiedlichkeit zwischen den beiden Merkmalen. Nicht also eigentlich mit der Vererbung von Rotäugigkeit und Sepiaäugigkeit als solcher haben wir es zu tun, sondern mit der Vererbung der Färbungsunterschiedlichkeit, die zwischen einem roten und einem sepia Auge besteht. Daß dies nicht nur eine kompliziertere Ausdrucksweise für die gleiche Sache ist, wird uns später klar werden, wenn wir die Vererbung von Rot- gegenüber Weißäugigkeit untersuchen (vgl. S. 87) und dann erkennen, daß die dabei analysierte Anlage „für" Rotäugigkeit eine ganz andere ist als die Anlage ebenfalls „für" Rotäugigkeit, die wir jetzt kennenlernen. Trotzdem sprechen wir der einfacheren sprachlichen Formulierbarkeit halber ruhig von Anlagen für Rot- oder für Sepiaäugigkeit.

2. Die $P$-Tiere stammen aus Reinzuchten, sind also in bezug auf die betreffenden Anlagen sepia bzw. normal rot reinerbig (homozygot). Jedes dieser $P$-Tiere bildet demgemäß auch nur eine einzige Sorte von

Keimzellen, entweder ausschließlich solche, die — um es kurz auszudrücken — „rot“ übertragen, oder ausschließlich solche, die „sepia“ übertragen. Die $F_1$-Tiere sind demgemäß für dieses Merkmal der Augenfarbe
mischerbig (heterozygot).

3. Alle $F_1$-Tiere schlagen nach dem normal-rotäugigen Elter. Rotäugigkeit ist also dominant, Sepiaäugigkeit rezessiv.

4. Man kann die homozygoten und die heterozygote Erbstruktur
durch Erbformeln zu kürzestem Ausdruck bringen. Jede Erbanlage
(Gen) erhält dabei ein Buchstabensymbol, z.B.

$$se == \text{sepiaäugig}$$
$$vg = \text{vestigial (stummelflügelig)}$$

usw. Man schreibt diese beiden mutierten Gene klein, um dadurch ihre
Rezessivität zum Ausdruck zu bringen. Die diesen mutierten Genen
entsprechenden normalen Anlagen, also das dominante Allel zu $se$ und
das dominante Allel zu $vg$, bezeichnet man entweder mit den gleichen,
nur groß geschriebenen Buchstaben oder durch ein Kreuz mit dem
Symbol des mutierten Allels als Index. Wir können also schreiben:

| | | |
|---|---|---|
| sepiaäugig | $se$ | stummelflügelig | $vg$ |
| normal-rotäugig | | normal-langflügelig | |
| (dominant) | $Se$ oder $+^{se}$ | (dominant) | $Vg$ oder $+^{vg}$ |

Die letztere Bezeichnungsweise ist die heute in der Drosophila-Genetik
allgemein übliche.

Wenn wir es, wie in unserem Versuch, nur mit einem Paar alleler
Gene, nämlich $se$ und $+^{se}$ zu tun haben, so können wir das normale Gen
einfach durch ein $+$ bezeichnen. Die $P$-Tiere des Versuchs I können wir
also symbolhaft bezeichnen als

$$+^{se} +^{se} \quad \text{und} \quad se \; se$$

oder vereinfacht

$$+ + \quad \text{und} \quad se \; se$$

oder in der anderen Schreibart als

$$Se \; Se \quad \text{und} \quad se \; se.$$

5. Die bei Auszählung der $F_2$-Generation sich ergebende Merkmals-
häufigkeit besteht in einem etwa dreimal so häufigen Auftreten der roten
Augenfarbe gegenüber der Sepiaäugigkeit; es ist also eine mehr oder
weniger deutliche Annäherung an die theoretische Mendel-Proportion
3:1 feststellbar. Dieses Zahlenverhältnis ergibt sich theoretisch folgendermaßen:

Die $F_1$-Tiere haben die Formel $Se \; se$. Ihre Keimzellen bergen entweder das Gen $Se$ oder das allele Gen $se$. Bei der Kreuzung zweier
$F_1$-Tiere kommt jeder der vier Befruchtungsmöglichkeiten

$$Se \; Se \quad Se \; se \quad se \; Se \quad se \; se$$

die gleiche Wahrscheinlichkeit zu. Von den so in gleicher Häufigkeit,
d.h. in je einem Viertel aller Fälle oder in 25% der Gesamtheit der $F_2$-
Generation, entstehenden Erbstrukturen entspricht phänisch das
Merkmal Sepiaäugigkeit ausschließlich der genischen Struktur $se \; se$,
während dem homozygoten und dem heterozygoten Vorhandensein des

Gens *Se* der normale Charakter Rotäugigkeit entspricht. Theoretisch ist also das Verhältnis 75% rotäugig: 25% sepiaäugig oder das Mendel-Verhältnis 3:1 zu erwarten. Die im Versuch ermittelten Häufigkeitszahlen bestätigen diese Erwartung.

6. Das Ergebnis von Versuch I a stimmt mit demjenigen von Versuch I b nicht nur in der $F_1$-Generation, sondern auch in der $F_2$-Generation völlig überein. In beiden Fällen ergibt sich eine einheitliche, nämlich einheitlich rotäugige $F_1$-Generation (erstes Mendelsches Gesetz oder Uniformitätsgesetz); in beiden Fällen spaltet die $F_2$-Generation nach dem Verhältnis 3:1 auf (zweites Mendelsches Gesetz oder Spaltungsgesetz); in beiden Fällen schließlich finden sich in der $F_2$-Generation sowohl unter den rotäugigen wie auch unter den sepiaäugigen Fliegen **Männchen und Weibchen in etwa gleicher Häufigkeit.**

Jeder einzelne dieser drei Doppelbefunde ist — vgl. S. 85f. — bereits für sich allein ein Beweis dafür, daß die Vererbung der Gene $+^{se}$ und *se* in keiner engeren Beziehung zur Geschlechtsvererbung steht. Die Gene $+^{se}$ und *se* können also *nicht* an das *X*-Chromosom gebunden sein, sondern müssen in einem Autosom lokalisiert sein.

Wir entwerfen zum Abschluß unserer Mendel-Analyse ein Schema des Erbgangs mit Hilfe unserer Gen-Symbole und tragen in dieses Schema die von uns erhaltenen absoluten und prozentualen Merkmalshäufigkeiten ein.

### *Versuch II.*

1. Zu ganz entsprechenden Ergebnissen wie bei Versuch I führt die Durcharbeitung der Ergebnisse des Versuchs II.

Es ist bei diesem Versuch auf die Vollzähligkeit der $F_2$-Generation besonders zu achten. Die stummelflügeligen Tiere pflegen nämlich um zwei oder mehr Tage später zu schlüpfen als die langflügeligen Tiere; demgemäß finden sich unter den zuerst schlüpfenden Tieren verhältnismäßig zu wenig, unter den zuletzt schlüpfenden verhältnismäßig zu viel stummelflügelige Tiere.

2. Ob das autosomal lokalisierte Gen *vg* dem gleichen oder einem anderen Chromosom zugehört als das ebenfalls autosomal lokalisierte Gen *se*, wird erst in einem späteren Versuch (Übung 1) festgestellt werden können.

## Übung 13.
### Rückkreuzungs-Versuch an *Drosophila*.
#### *Material und Aufgabe.*

*Drosophila*-Versuch III. $F_1$-Tiere aus der Kreuzung sepiaäugig × rotäugig werden nicht untereinander ($F_1$-Weibchen × $F_1$-Männchen), sondern mit sepiaäugigen Tieren aus der Reinkultur gepaart (sog. Rückkreuzung). Es genügt, eine der beiden reziproken Kreuzungen auszuführen:

a) $F_1$-Weibchen × *P*-Männchen,
b) *P*-Weibchen × $F_1$-Männchen.

Die Nachkommen aus dieser Kreuzung sind nach Augenfarbe und Geschlecht auszuzählen.

*Drosophila*-Versuch IV. $F_1$-Tiere aus der Kreuzung stummelflügelig × normalflügelig werden mit stummelflügeligen Tieren rückgekreuzt, am besten wieder

$$vg\, ♀ \times F_1 \text{-} ♂ \, .$$

Die Nachkommen sind nach Flügelgestalt und Geschlecht auszuzählen.

### *Ergebnis und Auswertung.*

Wir erhalten sowohl für die Häufigkeit der beiden Merkmalsklassen (sepiaäugig-rotäugig bzw. stummelflügelig-langflügelig) wie für die Häufigkeit der beiden Geschlechter eine annähernde Zahlengleichheit, d. h. das für eine Rückkreuzung typische Verhältnis *1:1*. Diese Proportion 1:1 für Merkmale oder Geschlecht bzw. 1:1:1:1 für Merkmale und Geschlecht ist zu erwarten, wenn ein heterozygotes Individuum, z. B. $+^{vg}\, vg$, mit dem homozygot-rezessiven, also *vg vg*, rückgekreuzt wird.

Bei einer solchen Kreuzung entspricht jedem der beiden Gene des heterozygoten Elters, also den Allelen $+^{vg}$ und *vg*, eine Merkmalsklasse der Nachkommen; denn zu dem dominanten Gen $+^{vg}$ gibt der homozygot-rezessive Elter das Gen *vg* hinzu, so daß das dominante Gen sich zu äußern vermag; zu dem rezessiven Gen *vg* gibt er ebenfalls *vg* hinzu, so daß auch dieses Gen sich phänisch auswirkt. Beide Möglichkeiten werden mit gleicher Wahrscheinlichkeit verwirklicht; daher die Proportion 1:1.

## Übung 14.
## Ausführung eines Mendel-Versuchs mit *Urtica*.
### *Material und Aufgabe.*

Jeder Teilnehmer erhält eine Schale mit einer größeren Zahl $F_2$-Pflänzchen aus der Kreuzung *Urtica pilulifera* × *U. p. Dodartii*. Es ist Pflänzchen für Pflänzchen auszurupfen, die Blattform zu untersuchen, und auszuzählen, in welchen Mengenverhältnissen die Pflanzen der verschiedenen Blattformen vertreten sind.

### *Versuchstechnik.*

Die Vorbereitungen zu diesem botanischen Mendelversuch sind sehr viel langwieriger als bei den in den vorigen Übungen geschilderten zoologischen, indem sie sich über eine Zeitspanne von nicht weniger als einem Jahr erstrecken. Der Versuch sei aber für Fälle, wo Schulgärten u. ä. zur Verfügung stehen, angeführt.

Die beiden für den Versuch benutzten Ausgangsformen (Abb. 47 *a, b*) sind die südeuropäische Brennessel *Urtica pilulifera* und ihre Varietät *U. p. Dodartii*. Die beiden Formen unterscheiden sich dadurch, daß die erstere scharf gezähnte Blätter besitzt, während die Blätter der zweiten nur ganz schwach gezähnt oder fast ganzrandig sind.

Man sät zeitig im Frühjahr — im Zimmer etwa im Februar — Früchtchen der beiden Varietäten in Töpfe aus, die modrig feuchte, womöglich vorher durch Kochen sterilisierte Gartenerde enthalten. Von den jungen Pflänzchen, die genügend Licht haben müssen, überträgt man später jede in einen einzelnen Topf.

Da die Pflanzen einhäusig sind, so muß man, um die Versuche wunschgemäß leiten zu können, die männlichen bzw. die weiblichen Blüten von der einzelnen Pflanze entfernen; da sich die geschlechtlich differenten Blüten auf verschiedenen Ästen befinden, so geschieht die Kastration einfach durch Abschneiden der betreffenden Äste. Die weiblichen Blüten sind an ihrer kugeligen Gestalt und an ihrer pinselförmigen Narbe leicht zu erkennen.

Zur Blütezeit — die männlichen Blüten öffnen sich früher als die weiblichen — stellt man Pflanzen mit nur männlichen Blüten der einen Form mit Pflanzen mit nur weiblichen Blüten der anderen Form n a h e zusammen und überläßt die Bestäubung — wie in der freien Natur — dem Wind; oder man überträgt mit Nadel, Pinsel oder Pinzette den Blütenstaub auf die weiblichen Blüten. Es bleibt dabei grundsätzlich gleichgültig, ob man *pilulifera*-Staub auf *Dodartii*-Narben bringt oder umgekehrt; ersteres ist indes aus praktischen Gründen vorzuziehen.

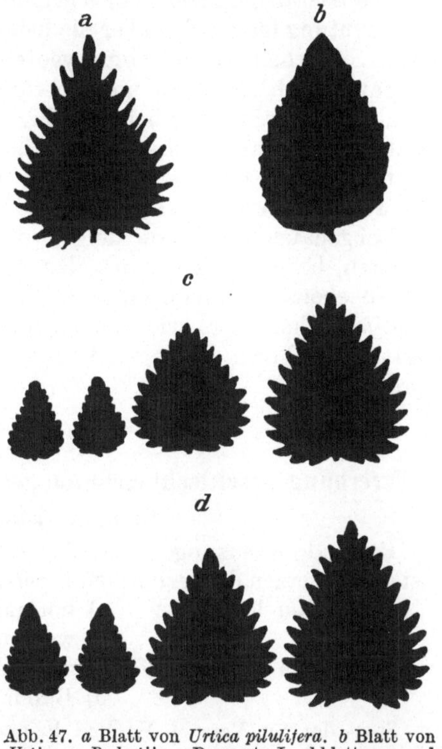

Die Früchtchen dieser $P$-Pflanzen sät man noch im gleichen Jahre aus, etwa im Juli. Die heranwachsenden $F_1$-Pflanzen isoliert man wieder in Einzeltöpfen, überläßt sie

Abb. 47. *a* Blatt von *Urtica pilulifera*. *b* Blatt von *Urtica p. Dodartii*. *c* Das erste Laubblattpaar und je ein Blatt des zweiten und dritten Laubblattpaares von *Urtica pilulifera*. *d* Die entsprechenden Blätter einer heterozygoten Pflanze. (Nach C. CORRENS.)

aber sich selber. Es tritt dann Selbstbestäubung und reichliche Früchtchenbildung ein.

Diese Früchtchen — aus denen also die $F_2$-Pflanzen hervorgehen sollen — sät man im folgenden Jahre in größeren Portionen — etwa zu je 300 — in flachen Schalen (etwa $35 \times 25\,\mathrm{cm}$) mit Gartenerde aus und erhält im Verlaufe von etwa drei Wochen Pflänzchen, die für die morphologische Untersuchung genügend groß sind.

Da sich die Früchtchen viele Jahre lang aufheben lassen, ohne ihre Keimfähigkeit zu verlieren, so kann man $P$-, $F_1$-, $F_2$-Früchtchen vorrätig halten und die verschiedenen Früchtchenarten zu gleicher Zeit anbauen, um so

1. an den $P$-Pflanzen die Versuchstechnik zu zeigen;

2. an den $F_1$-Pflanzen die Übereinstimmung ihrer Blattgestalt vorzuführen;

3. die $F_2$-Pflanzen untersuchen und auszählen zu lassen.

### Versuchsergebnis.

Es handelt sich — wie beim *Drosophila*-Versuch — um einen Fall von Monohybridität.

Die Bastardpflänzchen gleichen dem *pilulifera*-Elter. Bei sorgfältiger Beobachtung lassen sich aber die heterozygoten Pflänzchen mit ziemlich hoher Sicherheit von den homozygoten *pilulifera*-Pflanzen an den beiden ersten Laubblättern unterscheiden (Abb. 47 c, d). An diesen reicht nämlich die Zähnelung bei reinerbigen *pilulifera*-Pflanzen weiter an die Blattspitze hinauf als bei den mischerbigen Pflanzen, so daß bei letzteren der oberste Blattzahn relativ länger und schmäler ist als bei den homozygoten.

Bei genauerer Untersuchung wird man also das Spaltverhältnis 1:2:1 erhalten, bei weniger genauer das Verhältnis 3:1, und man kann demgemäß ebensowohl von einer zeitlich begrenzten Dominanz des *pilulifera*-Charakters wie von einem schwach intermediären Verhalten der Form des ersten Laubblattes bei der heterozygoten Pflanze sprechen.

## Übung 15.
## Vererbung geschlechtsgebundener Charaktere bei *Drosophila*.
### Material und Aufgabe.

Folgende Kreuzungen sind bis zur $F_2$-Generation durchzuführen, wobei das Ansetzen der reziproken Kreuzungen unbedingt erforderlich ist:

*Drosophila-Versuch* V.    a) normal-rotäugiges ♀ × weißäugiges ♂,
                     b) weißäugiges ♀ × rotäugiges ♂.

*Drosophila-Versuch* VI.    a) normal-rundäugiges ♀ × Bandäugiges ♂,
                     b) Bandäugiges ♀ × rundäugiges ♂.

Statt der für Versuch V a und b angegebenen Mutante weißäugig (white) können auch die Mutanten queraderlos (crossveinless), oder gelb (yellow) besonders gut benutzt werden. Bei genügender Teilnehmerzahl empfiehlt es sich, nicht nur mit weißäugig, sondern auch mit den soeben genannten Mutanten zu arbeiten; die betreffenden Versuche werden dann von verschiedenen Praktikanten oder Praktikantengruppen nebeneinander durchgeführt.

Die $F_1$-Generation ist auf die betreffenden Merkmale und auch auf das Geschlecht hin zu untersuchen. Auch die $F_2$-Generation ist nicht nur in bezug auf die genannten Merkmale, sondern — unter allen Umständen — auch in bezug auf das Geschlecht durchzuzählen.

### Auswertung.
### Versuch V.

1. Ist das weißäugige Versuchsausgangstier ein Männchen, so verläuft der Versuch in der uns aus Versuch I (Übung 12) bekannten Weise

$P$:                        rotäugig ♀ × weißäugig ♂

$F_1$:            50% rotäugige ♂♂, 50% rotäugige ♀♀

$F_2$: 25% rotäugige ♂♂ + 50% rotäugige ♀♀ + 25% weißäugige ♂♂

mit nur einem wichtigen Unterschiede: Alle weißäugigen $F_2$-Tiere sind männlichen Geschlechts, wie beistehende Tabelle (Kursauszählungen) zeigt. Weißäugigkeit stellt also nicht nur ein rezessives, sondern zugleich ein geschlechtsgebundenes Merkmal dar.

2. Der Erbgang solches geschlechtsgebundenen Merkmals geht der Verteilung der $X$-Chromosomen auf die beiden Geschlechter parallel. Das

| | rotäugig | | weißäugig | |
|---|---|---|---|---|
| | ♀♀ | ♂♂ | ♀♀ | ♂♂ |
| 1. Praktikant | 150 | 74 | — | 79 |
| 2.  ,, | 78 | 38 | — | 31 |
| 3.  ,, | 156 | 76 | — | 82 |
| 4.  ,, | 90 | 50 | — | 55 |
| 5.  ,, | 69 | 31 | — | 27 |
| zusammen | 543 | 269 | — | 274 |
| theoretisch | 543 | 271,5 | — | 271,5 |

Weibchen von *Drosophila melanogaster* besitzt zwei, das Männchen nur ein $X$-Chromosom (Abb. 48). Das rotäugige Weibchen der $P$-Generation besitzt zwei $X$-Chromosomen, in deren jedem das Gen $+^w$ steckt (im Schema durch einen schwarz ausgefüllten Kreis dargestellt). Das weißäugige Männchen hat nur ein $X$-Chromosom, das den Faktor $w$ trägt (im Schema weiß). Es entstehen in $F_1$ lauter rotäugige Tiere: zur

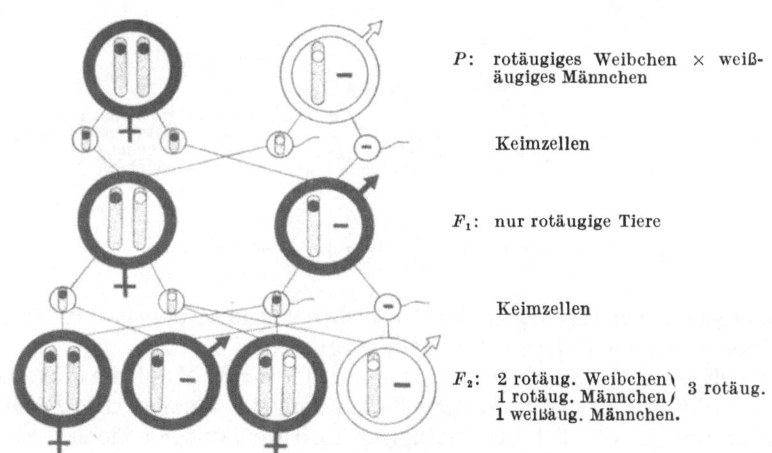


Abb. 48. Schema der Kreuzung eines rotäugigen *Drosophila*-Weibchens mit einem weißäugigen Männchen.

Hälfte Männchen, die nur ein „Rot" übertragendes $X$-Chromosom von der Mutter her erhalten haben, während der Vater ihnen kein $X$-Chromosom und damit auch kein hier lokalisiertes Augenfarb-Gen mitgab; zur Hälfte Weibchen, die ein „Rot" übertragendes und ein „Weiß" übertragendes $X$-Chromosom besitzen. In $F_2$ treten wieder — Abb. 48 verdeutlicht das noch weiter — zur Hälfte Weibchen (mit zwei $X$-Chromosomen), zur Hälfte Männchen (mit einem $X$-Chromosom) auf; die Weibchen sind abermals zur Hälfte reinerbig-rotäugig (zwei Rot übertragende $X$-Chromosomen), zur anderen Hälfte mischerbig-rotäugig (ein Rot übertragendes, ein Weiß übertragendes $X$-Chromosom, wie die $F_1$-Weibchen); die Männchen sind teils rotäugig (ein Rot übertragendes $X$-Chromosom), teils weißäugig (ein Weiß übertragendes $X$-Chromosom, wie beim großelterlichen $P$-Männchen).

3. Ist dagegen das weißäugige Versuchsausgangstier ein **Weibchen**, so verläuft der Versuch wie folgt (Abb. 49):

$P$: weißäugig ♀ × rotäugig ♂

$F_1$: 50 % weißäugige ♂♂, 50 % rotäugige ♀♀

$F_2$: 25 % rotäug. ♂♂ + 25 % rotäug. ♀♀ + 25 % weißäug. ♂♂ + 25 % weißäug. ♀♀

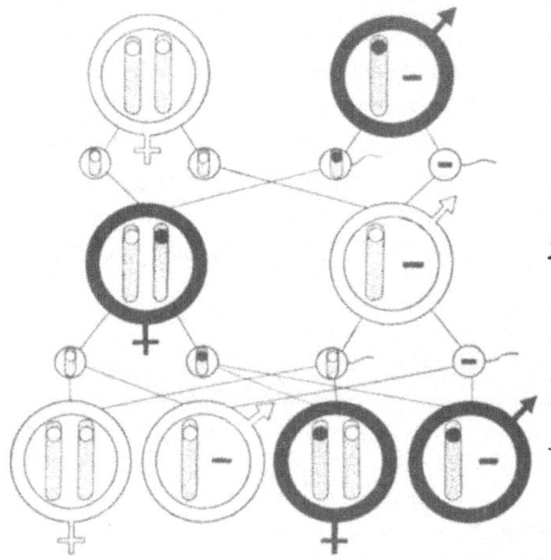

$P$: weißäugiges Weibchen × rotäugiges Männchen

Keimzellen

$F_1$: rotäugige Weibchen und weißäugige Männchen

Keimzellen

$F_2$: 1 weißäug. Weibchen / 1 weißäug. Männchen } 2 weißäugig / 1 rotäug. Weibchen / 1 rotäug. Männchen } 2 rotäug.

Abb. 49. Schema der Kreuzung eines weißäugigen *Drosophila*-Weibchens mit einem rotäugigen Männchen.

Es ergeben sich also gegenüber den bisher von uns analysierten Mendel-Fällen **zwei auffällige Abweichungen.**

a) **Erstens treten in der $F_1$-Generation** *zwei* **Merkmalsklassen** auf, nicht, wie in den bisherigen Fällen, nur eine einzige. Die $F_1$-Generation besteht nämlich aus rotäugigen und weißäugigen Tieren.

Diese beiden Merkmalsklassen zeigen gleichzeitig eine sehr eigenartige Beziehung zum Geschlecht, indem die **Augenfarben in der $F_1$-Generation genau umgekehrt auf die Geschlechter verteilt sind** als bei der $P$-Generation (sog. **Überskreuz-Vererbung,** *criss cross inheritance*): es sind nämlich sämtliche **rotäugigen** $F_1$-**Tiere Weibchen,** sämtliche **weißäugigen** $F_1$-**Tiere Männchen.**

b) **Zweitens** ist das Aufspaltungsverhältnis für die Augenfarben in der $F_2$-Generation nicht, wie in Versuch V a, die Proportion 3:1, sondern die **Proportion** *50 % : 50 % = 1 : 1* (vgl. unter 4).

Auch diese beiden Besonderheiten sind in derselben Weise wie der unter erstens genannte Punkt charakteristisch für geschlechts-gebunden-rezessiven Erbgang.

4. Die Proportion 1:1 für die Augenfarben bzw. die Proportion 1:1:1:1 für Augenfarben und Geschlecht erklärt sich folgender-maßen (vgl. Abb. 49): Das mischerbige rotäugige $F_1$-Weibchen bildet Eier, die stets ein $X$-Chromosom besitzen; von diesen Eiern überträgt die Hälfte Rot, die andere Hälfte Weiß. Das Männchen bildet Samen-fäden teils mit dem Weiß übertragenden $X$-Chromosom, teils ohne solches. Bei der Befruchtung sind vier Kombinationsmöglichkeiten ge-geben: 1. reinerbig-weißäugige Weibchen, die von der väterlichen und von der mütterlichen Seite her je ein Weiß übertragendes $X$-Chromosom mitbekommen haben, und in denen wir im Laufe unseres Gesamtver-suchs nunmehr die ersten weiblichen Weißaugen erhalten, 2. weiß-äugige Männchen, die in ihrer Erbstruktur dem Vater, 3. rotäugig-misch-erbige Weibchen, die der Mutter gleichen, 4. rotäugige Männchen.

5. Die Rückkreuzung eines $F_1$-Weibchens aus Versuch Va mit einem Männchen mit dem rezessiven Merkmal Weiß wäre in genischer Hinsicht identisch mit der eben besprochenen Kreuzung zwischen zwei $F_1$-Tieren aus Versuch Vb. In beiden Fällen ist ja das Weibchen heterozygot, das Männchen im Besitz nur des rezessiven Gens.

6. Durch Kreuzung untereinander der weißäugigen Nachkommen aus einem solchen Versuch erhält man eine Reinzucht weißäugiger Fliegen, da sämtliche in die Zucht eingehenden $X$-Chromosomen immer nur den Faktor $w$ besitzen. Die Reinzuchten weißäugiger Tiere, auf die letztes Endes auch unsere Versuchstiere zurückgehen, sind in der Tat so gewonnen worden, daß heterozygot-rotäugige Weibchen derartig ge-kreuzt wurden und so einen Grundstock weißäugiger Tiere beiderlei Ge-schlechts lieferten.

7. Sowohl bei der Auswertung des *Drosophila*-Versuchs I (S. 79 unter 1) wie jetzt beim Versuch V ist von Rotäugigkeit als Erbcharakter die Rede. Im einen Falle wird nun Rotäugigkeit als Gegenpart zur Sepiaäugigkeit autosomal, im anderen Falle wird sie als Gegen-part zur Weißäugigkeit geschlechtsgebunden vererbt. Die be-treffenden nicht mutierten Gene $+^{se}$ und $+^{w}$ sind also für sich allein noch nicht ausreichende Bedingungen zur Produktion roter Augen; was wir in unseren Versuchen prüfen, ist nicht die Vererbung der Rotäugig-keit als solcher, sondern die Vererbung jener Unterschiedlichkeit, die das Auge nicht sepiafarbig bzw. nicht weißäugig werden läßt.


*Versuch VI.*

1. Eine entsprechende Analyse wie die soeben für die Weißäugigkeit durchgeführte ergibt, daß auch die Bandäugigkeit geschlechts-gebunden ist.

2. Heterozygote und homozygote Weibchen unterscheiden sich aber in sehr deutlicher Weise voneinander. Erstere besitzen eine Augenform, die zwischen dem Rund der normalen Fliege und dem schmalen Band

der homozygoten Fliege liegt; die Augen sind nierenförmig (Abb. 42 *b'*). Wir lernen hier also ein deutlich intermediäres Verhalten kennen.

3. Der Grad der Bandäugigkeit ist, wie der Vollständigkeit halber hinzugefügt sei, temperaturmodifikabel.

### Übung 16.

## Modell-Versuche über die Zufallsverteilung der Gene.
### *Material und Aufgabe.*

I. In eine Reihe kleiner Glasgefäße werden je $2 \times 50$ (oder $2 \times 100$) Glasperlen von gleicher Größe, aber verschiedener Farbe (z. B. weiß und rot) hineingezählt und gut durcheinandergemengt und -geschüttelt. Immer zwei Kursteilnehmer erhalten zusammen zwei solcher Gläschen. Der eine nimmt, ohne hinzusehen, aus jedem Glas eine Kugel, gibt ihre Farben an, legt sie wieder in ihr Glas zurück, schüttelt und mengt den Inhalt jedes Glases von neuem gut durcheinander, entnimmt abermals je eine Kugel usw., insgesamt 100 mal. Der zweite Versuchsteilnehmer protokolliert, welche Farbzusammenstellung jede einzelne Ziehung ergibt.

Es ist festzustellen, in welcher Häufigkeit die verschiedenen Farbkombinationen auftreten.

II. Eine zweite Versuchsanordnung vereinigt drei Praktikanten, von denen einer protokolliert, die beiden anderen je ein Gläschenpaar, aber mit verschiedener Farbzusammenstellung erhalten, etwa der eine zwei Gläschen mit je zur Hälfte weißen, zur Hälfte roten Kugeln, der andere zwei Gläschen mit je zur Hälfte blauen, zur Hälfte grünen Kugeln. Vor Versuchsbeginn fertigt der Protokollführer ein Kombinationsschema (vgl. Tab. 89) in genügender Größe an, in das er die einzelnen Ziehungen durch Striche einträgt.

Wiederum ist die Häufigkeit der verschiedenen Farbkombinationen festzustellen.

### *Auswertung.*

1. Die beiden Modellversuche sollen die Zufallsverteilung der Erbanlagen (Gene) bei der Keimzellenbildung und Befruchtung mischerbiger (heterozygoter) Organismen (z. B. $F_1$-Individuen) veranschaulichen, Versuch I für eine einmerkmalige (monohybride) Kreuzung, Versuch II für eine zweimerkmalige (dihybride) Kreuzung.

2. Bleiben wir zunächst bei *Versuch I*, so stellen die beiden Gläser mit zur Hälfte weißen, zur Hälfte farbigen Kugeln die beiden zur Kreuzung gebrachten $F_1$-Eltern bzw. ihre Keimdrüsen dar, die Kugeln selbst die befruchtungsreifen Keimzellen bzw. die in diesen gelegenen allelen Gene, die ja theoretisch in gleicher Häufigkeit (50 : 50) an die nächste Generation weitergegeben werden. Wenn nun aus jedem Glas eine Kugel gezogen wird, so ist es bei diesem einer Befruchtung entsprechenden Vorgang offenbar rein vom Zufall abhängig, ob aus dem ersten Glas eine weiße, aus dem zweiten wieder eine weiße Kugel gezogen wird, oder ob zu der zuerst gezogenen weißen eine farbige hinzutritt, oder ob

schließlich zu einer zuerst gezogenen farbigen Kugel eine weiße oder farbige zweite Kugel kommt. Werden nun die gezogenen Kugeln immer wieder zurückgelegt und mit den übrigen gut durcheinandergemischt, so gelten grundsätzlich die gleichen Bedingungen, wie sie für die erste Kugeldoppelziehung bestanden, immer wieder neu für die zweite, dritte, überhaupt für sämtliche dieser Doppelziehungen. Im ganzen würde man daher unter 100 Doppelziehungen theoretisch zu gleichen Teilen (1 : 1 : 1 : 1)

weiß-weiß,          weiß-farbig,          farbig-weiß,          farbig-farbig

erwarten müssen, oder, wenn man ausschließlich auf die jeweilige Farbenkombination sieht:

25% weiß-weiß,          50% weiß-farbig,          25% farbig-farbig.

Eine solche prozentuale Häufigkeit der Farbkombinationen entspricht der prozentualen Häufigkeit der Gen-Kombinationen bzw. der Merkmalsklassen bei der Kreuzung monohybrider Bastarde.

3. *Versuch II* soll einen Fall von Dihybridität, d.h. von zufallsmäßiger Verteilung z w e i e r voneinander unabhängiger Allelen-Paare, veranschaulichen. Die Gläser repräsentieren jetzt gleichsam Chromosomenpaare. Diesmal sind die in beistehender Tabelle angegebenen Häufigkeiten zu erwarten.

4. In Versuch I finden wir eine mehr oder weniger weitgehende Annäherung der Kugelziehungsergebnisse an die theoretischen Zahlen; bei Versuch II bedarf es — der größeren Zahl der Kombinationsmöglichkeiten entsprechend — schon erheblich zahlreicherer Ziehungen, gegebenenfalls des Zusammenwerfens der Versuchsergebnisse mehrerer Praktikan-

|  | rot<br>rot | rot<br>weiß | weiß<br>weiß |
|---|---|---|---|
| blau <br>blau | 1 | 2 | 1 |
| blau <br>grün | 2 | 4 | 2 |
| grün <br>grün | 1 | 2 | 1 |

tengruppen, um eine deutliche Übereinstimmung zwischen Erwartung und Versuchsergebnis zu erhalten. Die Abweichungen der empirischen Zahlen von der theoretischen Erwartung, die sich einer genaueren Analyse nach der in Übung 17 zu behandelnden Methode unterziehen lassen, zeigen anschaulich, wie selbst in einem leicht übersehbaren, weil sich auf ein totes Material beziehenden und den Zufallsbedingungen möglichst genau angeglichenen Fall keine „idealen" Zufallsverhältnisse herrschen, keine völlige Deckung von theoretischer Erwartung und Versuchsergebnis besteht.

So sehen wir die Berechtigung ein, auch bei s t ä r k e r e n Abweichungen eines o r g a n i s c h e n Materials doch eine g r u n d s ä t z l i c h e Übereinstimmung zwischen Erfahrung und theoretischer Erwartung anzunehmen. Unser Bestreben muß es dabei aber stets sein, Zahlen zu erhalten, die auch vom Standpunkt einer e x a k t e n Prüfung als mit der Theorie hinreichend übereinstimmend bezeichnet werden dürfen, die also einer fehlertheoretischen Kritik standhalten. Von dieser handelt die folgende Übung.

## Übung 17.

## Die Prüfung von Mendel-Zahlen.

### Material und Aufgabe.

Die Versuchsergebnisse der *Drosophila*-Kreuzungen sind fehlerkritisch zu bearbeiten.

Sind die Versuche noch nicht beendet, so können einige der Zahlenangaben der Tabelle zugrunde gelegt werden; wir benutzen im folgenden u.a. den Versuch Nr. 3 dieser Tabelle als Beispiel.

Tabelle 13. $F_2$-Zahlen aus der Kreuzung eines rotäugigen Weibchens mit einem weißäugigen Männchen von *Drosophila melanogaster*. (Nach G. JUST.)

| Nr. des Versuches | Gesamtindividuenzahl in $F_2$ | Zahl der Weißäugigen darunter | Zahl der Weißäugigen in % |
|---|---|---|---|
| 1 | 459 | 114 | 24,84 |
| 2 | 304 | 74 | 24,34 |
| 3 | 195 | 51 | 26,15 |
| 4 | 411 | 95 | 23,11 |
| 5 | 331 | 83 | 25,08 |
| 6 | 290 | 72 | 24,83 |
| 7 | 294 | 57 | 19,39 |
| 8 | 348 | 74 | 21,26 |
| 9 | 356 | 92 | 25,84 |
| 10 | 230 | 48 | 20,87 |

### Auswertung.

Die $F_2$-Befunde unserer *Drosophila*-Versuche zeigen ebenso wie die in Übung 16 an Glasperlen erhaltenen Ergebnisse, daß solche empirischen Zahlen mit den theoretisch erwarteten meist nicht völlig übereinstimmen. Sind die Kreuzungsversuche besonders gut geglückt oder die Perlen-Versuche besonders sorgfältig ausgeführt worden, so kann die Annäherung der empirischen an die theoretischen Zahlen allerdings so stark und in die Augen springend sein, daß man „auf den ersten Blick" die Bestätigung der Theorie durch die Erfahrung erkennt. Nicht immer ist die Annäherung aber so deutlich, und es entsteht so die Frage: Wie weit müssen die empirischen Zahlen sich den theoretischen nähern oder wie weit dürfen sie von ihnen entfernt sein, um doch immer noch als mit ihnen „hinreichend übereinstimmend" bezeichnet werden zu können?

*Alternative Variabilität.* Die $F_2$-Generation etwa des *Drosophila*-Versuchs I besteht aus zwei Merkmalsklassen: rotäugig und sepiaäugig. Zu einer dieser beiden Merkmalsklassen gehört jedes Individuum; es gibt nur diese Alternative, andere Farbvarianten als diese beiden Augenfarben treten in diesem Versuch nicht auf. Man kann hier von alternativer Variabilität sprechen. Statt mit einer vielgliedrigen Variationsreihe, wie wir sie früher zahlenmäßig analysierten, haben wir es bei alternativer Variabilität mit nur zwei Gliedern, zwei Variantenklassen, zu tun.

Die Unterbringungsmöglichkeit aller Individuen in diese beiden Variantenklassen ermöglicht es in einfacher Weise, qualitative Verschiedenheiten quantitativ zu erfassen. Denn da es sich um zwei sich gegenseitig ausschließende Merkmale handelt, so läßt sich die Verschiedenheit in der Augenfarbe unserer $F_2$-Tiere in der Weise ausdrücken, daß man sagt: Die eine Variantenklasse besitzt das Merkmal Rot, die andere besitzt es nicht; die Individuen der einen Klasse zeigen also dieses Merkmal **einmal**, die der anderen **keinmal**. Wir hätten auch umgekehrt sagen können: Ein bestimmter Teil der Individuen hat Sepia, der andere Teil kein Sepia. Unsere **zweigliedrige Variationsreihe besteht demgemäß aus der Klasse mit dem Werte 0 und der Klasse mit dem Werte 1**. Beispielsweise können wir die $F_2$-Ergebnisse des Versuchs 3 aus Tab. 13 folgendermaßen tabulieren (siehe nebenstehende Tabelle).

Die Individuenzahl der Klasse 0 bezeichnet man als $p_0$, die der Klasse 1 als $p_1$. Die Summe $p_0 + p_1$ ist natürlich $= n$ (Gesamtindividuenzahl).

| Versuch Nr. | Klasse 0 (weiß) | Klasse 1 (rot) |
|---|---|---|
| 3 | 51 | 144 |

*Formeln bei alternativer Variabilität.* Wir können nun unsere Formeln die wir für die Analyse von Variationsreihen kennengelernt haben, auch auf diesen Spezialfall einer Reihe mit nur zwei Variantenklassen anwenden. Die Ausdrücke Mittelwert und mittlerer Fehler des Mittelwertes bekommen dabei allerdings einen etwas abgeänderten Sinn; ihre Bedeutung wird dadurch indessen keineswegs geringer.

*Mittelwert.* Was bedeutet denn hier das Wort Mittelwert? Der Mittelwert ist (vgl. S. 8) die Summe aller individuellen Variantenwerte dividiert durch die Individuenzahl $\left(M = \dfrac{\Sigma p V}{n}\right)$. Diese Summe ist bei alternativer Variabilität durch $p_0$ Individuen der Klasse 0 und $p_1$ Individuen der Klasse 1 gegeben; $\Sigma p V$ ist also $= p_0 \cdot 0 + p_1 \cdot 1 = p_1$. Also ist $M = \dfrac{\Sigma p V}{n} = \dfrac{p_1}{n}$ .

Für unseren als Beispiel dienenden Fall hätten wir also zu rechnen

$$M = \frac{144}{51 + 144} = 0{,}7385 \; .$$

Wenn wir diese Zahl mit 100 multiplizieren, also 73,85 schreiben, so erkennen wir sofort, was wir vor uns haben: nämlich die **Prozentangabe** über den Anteil der Klasse Rot an der Gesamtindividuenzahl. Demnach ist $M$ der nicht auf 100, **sondern auf 1 bezogene Individuenanteil** der einen der beiden Variantenklassen.

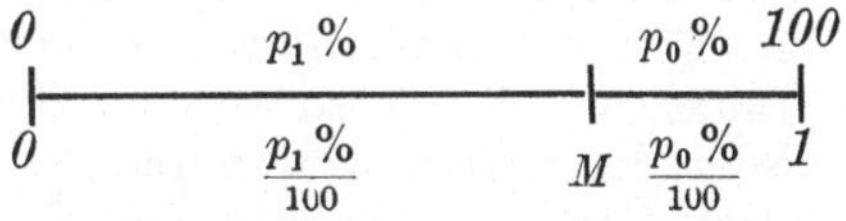

Abb. 50. Der Mittelwert bei alternativer Variabilität. (Nähere Erläuterung im Text.)

In einer graphischen Darstellung, in der die Individuenzahlen der Variantenklassen $p_0$ und $p_1$ durch Strecken einer Geraden — mit dem Gesamtwert 100 bzw. 1 — repräsentiert werden, wird durch $M$ die **Grenze** zwischen den beiden Teilstrecken bezeichnet (Abb. 50).

Zweckmäßigerweise sprechen wir also fortan nicht mehr von dem Mittelwert unserer zweigliedrigen Variationsreihe, sondern **unmittelbar von den in Prozenten ausgedrückten Individuenzahlen** $p_0\%$ und $p_1\%$ der beiden Variantenklassen.

*Mittlerer Fehler bei alternativer Variabilität.* Wenn der in Prozenten angegebene Mittelwert bei alternativer Variabilität nichts anderes ist als die in Prozenten angegebene Individuenzahl $p_1\%$ der Variantenklasse $V_1$, so ist auch der mittlere Fehler $m$, den wir (S. 49) als das Zuverlässigkeitsmaß des Mittelwertes kennenlernten, hier einfach das Zuverlässigkeitsmaß von $p_1\%$. Auf ein solches Zuverlässigkeitsmaß aber, das uns erlaubt, die empirischen Zahlenergebnisse — $p_0\%$ und $p_1\%$ — unseres Mendel-Versuchs mit den theoretischen Erwartungen für diese Zahlen zu vergleichen, wollen wir ja hinaus.

Wenn nun $m$ hier ein Schwankungsmaß für $p_1\%$ ist, so muß es zugleich auch ein Schwankungsmaß für $p_0\%$ sein. Denn da $p_0\% + p_1\%$ stets $= 100$ ist, so muß $p_0\%$ immer um denjenigen Betrag größer werden, um den $p_1\%$ kleiner wird, und umgekehrt; beide Werte schwanken innerhalb genau derselben Grenzen.

Es ist somit $m$ hier der **mittlere Fehler der empirischen Mendel-Zahlen**. Er erlaubt uns eine **zahlenkritische Prüfung unserer Versuchsergebnisse**, indem er angibt, innerhalb welcher Grenzen die „wahren" $p_0$- und $p_1$-Werte liegen. Wiederum nennt (vgl. S. 50) der **dreifache** Betrag von $m$ die äußersten Schwankungsgrenzen, mit denen wir bei unserer Zahlenprüfung zu arbeiten haben.

*Formel des mittleren Fehlers bei alternativer Variabilität.* Um in den Dienst unserer Zahlenprüfung gestellt werden zu können, bedarf die Formel des mittleren Fehlers (vgl. S. 51)

$$m = \pm \frac{\sigma}{\sqrt{n}}$$

einer Umformung, die in dem Ersatz der Größe $\sigma$ besteht.

Die Formel der Streuung lautet: (vgl. S. 22)

$$\sigma = \pm \sqrt{\frac{\Sigma\, p\, a^2}{n} - b^2}\,.$$

In dieser Formel beziehen sich $a$ und $b$ auf einen angenommenen Mittelwert $A$ (vgl. S. 21). Genau wie wir nun aus einer vielgliedrigen Variantenreihe einen beliebigen Variantenwert als angenommenen Mittelwert herausgreifen können, verfahren wir auch bei alternativer Variabilität. Hier stehen allerdings nur zwei Variantenklassen, 0 und 1, zur Wahl. Wählen wir $A = 0$, so weichen alle zur Klasse 1 gehörigen Individuen, also $p_1$ Individuen, von $A$ um $a = 1$ ab, während die $p_0$ Individuen der Klasse 0 um $a = 0$ abweichen. Das Quadrat der Abweichungen, $a^2$, ist somit $= 1^2 = 1$, und

$$\Sigma\, pa^2 = p_1 \cdot 1 = p_1,$$

mithin

$$\frac{\Sigma\, p\, a^2}{n} = \frac{p_1}{n}\,.$$

Von diesem Wert ist nach der Streuungsformel $b^2$ zu subtrahieren. Nun ist (vgl. S. 12)

$$b = \frac{\Sigma\, pa}{n}\,.$$

Da nun

$$\Sigma\, pa = p_0 \cdot 0 + p_1 \cdot 1 = p_1$$

ist, so ist

$$b = \frac{p_1}{n}$$

und

$$b^2 = \frac{p_1^2}{n^2}.$$

Wir setzen in die Streuungsformel statt $\frac{\Sigma\, p\, a^2}{n}$ den neuen Wert $\frac{p_1}{n}$ und statt $b^2$ den Wert $\frac{p_1^2}{n^2}$ ein. Wir erhalten dann:

$$\sigma = \pm \sqrt{\frac{p_1}{n} - \frac{p_1^2}{n^2}}.$$

Wir bringen die beiden Ausdrücke unter der Wurzel auf den gleichen Nenner $n^2$, indem wir $\frac{p_1}{n}$ mit $n$ erweitern. Dann heißt die Formel:

$$\sigma = \pm \sqrt{\frac{p_1 \cdot n}{n^2} - \frac{p_1^2}{n^2}} = \pm \sqrt{\frac{p_1 \cdot n - p_1^2}{n^2}}.$$

Nun klammern wir im Zähler $p_1$ aus und ziehen zugleich aus dem Nenner die Wurzel:

$$\sigma = \pm \frac{\sqrt{p_1\,(n - p_1)}}{n}.$$

Von den beiden unter der Wurzel stehenden Faktoren heißt der zweite $(n - p_1)$; das ist aber nichts anderes als $p_0$, da ja $p_0$ übrigbleibt, wenn man von der Gesamtindividuenzahl $n$ die $p_1$ Individuen der Klasse 1 abzieht. Wir schreiben also:

$$\sigma = \pm \frac{\sqrt{p_0 \cdot p_1}}{n}.$$

In der vorstehenden Ableitung beziehen sich (vgl. S. 91 und Abb. 50) alle Werte auf die Größenordnung $(p_0 + p_1) = 1$. Wollen wir praktischerweise in Prozenten rechnen, also in der Größenordnung $(p_0 + p_1) = 100$, so müssen wir den soeben für $\sigma$ angegebenen Bruch mit 100 multiplizieren oder, was dasselbe ist, mit $\sqrt{100} \cdot \sqrt{100}$.

Wenn wir gleichzeitig den Nenner $n$ unseres Bruches als $\sqrt{n \cdot n}$ in die Wurzel einbeziehen, so erhalten wir

$$\sigma = \pm \sqrt{\frac{100 \cdot p_0}{n} \cdot \frac{100 \cdot p_1}{n}}.$$

Da aber $\frac{100 \cdot p_0}{n}$ nichts anderes ist als $p_0\%$, so erhalten wir den einfachen Ausdruck

$$\sigma = \pm \sqrt{p_0\% \cdot p_1\%}.$$

Nunmehr können wir die Formel des mittleren Fehlers

$$m = \pm \frac{\sigma}{\sqrt{n}}$$

Tabelle 14. Möglichkeiten der Prüfung von Mendelzahlen mittels $m$.

| Ausgangswerte → ↓ | I.<br>Die empirischen Zahlen | II.<br>Die theoretischen Zahlen |
|---|---|---|
| **1.**<br>*Die absoluten Beträge der Ausgangszahlen* | $p_0 + p_1 = n$<br><br>$m = \pm \sqrt{\dfrac{p_0 \cdot p_1}{n}}$<br><br>Prüfung, ob $q_0$ innerhalb $p_0 \pm 3\,m$<br>$q_1$    ,,     $p_1 \pm 3\,m$<br><br>*Beispiel:* $p_0 = 144$<br>$p_1 = 51$   $\Big\}$ $n = 195$<br>$m = 6{,}14$<br><br>Es liegt 146,25 innerhalb $144 + \tfrac{1}{2}\,m$ | $q_0 + q_1 = n$<br><br>$m = \pm \sqrt{\dfrac{q_0 \cdot q_1}{n}}$<br><br>Prüfung, ob $p_0$ innerhalb $q_0 \pm 3\,m$<br>$p_1$    ,,     $q_1 \pm 3\,m$<br><br>*Beispiel* [1]): $q_0 = 146{,}25$<br>$q_1 = 48{,}75$   $\Big\}$ $n = 195$<br>$m = 6{,}05$<br><br>Es liegt 144 innerhalb $146{,}25 + \tfrac{1}{2}\,m$ |
| **2.**<br>*Die Prozentzahlen*[2] | $p_0\% + p_1\% = 100$<br><br>$m = \pm \sqrt{\dfrac{p_0\% \cdot p_1\%}{n}}$<br><br>Prüfung, ob $q_0\%$ innerhalb $p_0\% \pm 3\,m$<br>$q_1\%$    ,,     $p_1\% \pm 3\,m$<br><br>*Beispiel:* $p_0\% = 73{,}85$<br>$p_1\% = 26{,}15$<br>$n = 195$<br>$m = 3{,}15$<br>Es liegt 75 innerhalb $73{,}85 + \tfrac{1}{2}\,m$ | $q_0\% + q_1\% = 100$<br><br>$m = \pm \sqrt{\dfrac{q_0\% \cdot q_1\%}{n}}$<br><br>Prüfung, ob $p_0\%$ innerhalb $q_0\% \pm 3\,m$<br>$p_1\%$    ,,     $q_1\% \pm 3\,m$<br><br>*Beispiel:* $q_0\% = 75$<br>$q_1\% = 25$<br>$n = 195$<br>$m = 3{,}10$<br>Es liegt 73,85 innerhalb $75 + \tfrac{1}{2}\,m$ |

| 3.<br>*Die Spaltzahlen* | $k_1 + k_2 = K$<br>$m = \pm \sqrt{\dfrac{k_1 \cdot k_2}{n}}$<br>Prüfung, ob $K_1$ innerhalb $k_1 \pm 3\,m$<br>$K_2$ ,, $k_2 \pm 3\,m$ | $K_1 + K_2 = K$<br>$m = \pm \sqrt{\dfrac{K_1 \cdot K_2}{n}}$<br>Prüfung, ob $k_1$ innerhalb $K_1 \pm 3\,m$<br>$k_2$ ,, $K_2 \pm 3\,m$ |
|---|---|---|
| | *Beispiel*[3]): $k_1 = 2{,}95$, $k_2 = 1{,}05$, $\}\,K = 4$<br>$n = 195$<br>$m = 0{,}13$<br>Es liegt 3 innerhalb $2{,}95 + \frac{1}{2}\,m$ | *Beispiel:* $K_1 = 3$, $K_2 = 1$, $\}\,K = 4$<br>$n = 195$<br>$m = 0{,}12$<br>Es liegt $2{,}95$ innerhalb $3 + \frac{1}{2}\,m$ |

---

[1] Die Berechnung von $q_0$ und $q_1$ erfolgt, indem man die Individuensumme $n$ durch die Summe $K$ aller zu erwartenden Spaltzahlen (z. B. $K = 4$ oder 16) dividiert und den Quotienten mit den einzelnen Spaltzahlen $K_1$, $K_2$ usw. (z. B. 3, 1 bzw. 9, 3, 3, 1) multipliziert. *Beispiel:*

$$q_0 = \frac{195}{4} \cdot 3 = 48{,}75 \cdot 3 = 146{,}25 \,.$$

$$q_1 = \frac{195}{4} \cdot 1 = 48{,}75 \,.$$

[2] Die Umrechnung einer absoluten Zahl in eine Prozentzahl erfolgt, indem man die absolute Zahl mit 100 multipliziert und durch die Individuensumme $n$ dividiert. *Beispiel:*

$$p_0\% = \frac{100 \cdot p_0}{n} = \frac{100 \cdot 144}{195} = 73{,}85 \,.$$

[3] Die Berechnung von $k_1$ und $k_2$ erfolgt, indem man jede Zahl $p_0$ und $p_1$ mit der Spaltzahlensumme $K$ multipliziert und durch $n$ dividiert. *Beispiel:*

$$k_1 = \frac{144 \cdot 4}{195} = 2{,}95$$

$$k_2 = \frac{51 \cdot 4}{195} = 1{,}05 \,.$$

für unsere Zwecke umformen, indem wir in sie den für $\sigma$ ermittelten Ausdruck einsetzen. Wir erhalten so

$$m = \pm \frac{\sqrt{p_0\% \cdot p_1\%}}{\sqrt{n}}$$

oder

$$\boldsymbol{m = \pm \sqrt{\frac{p_0\,^0/_0 \cdot p_1\,^0/_0}{n}}}\,.$$

Um auf Grund dieser Formel den Fehlerspielraum unserer Mendel-Zahlen zu errechnen, multiplizieren wir also ihre Prozentwerte miteinander, dividieren durch die Gesamt-

|  | weißäugig $p_0$ | rotäugig $p_1$ | Gesamtzahl $n$ |
|---|---|---|---|
| Anzahl der $F_2$-Tiere | 51 | 144 | 195 |
| In Prozenten | 26,15% | 73,85% | 195 |
|  | 100% | | |

individuenzahl und ziehen alsdann die Wurzel.

*Beispiel.* Als Fehlerspielraum der *Drosophila*-Zahlen obenstehender Tabelle ergibt sich

$$m = \pm \sqrt{\frac{26,15 \cdot 73,85}{195}} = \pm\, 3,15\,.$$

Den Wert von $m$ schreiben wir in der üblichen Weise (vgl. S. 52) hinter den betreffenden Zahlenwert, so daß als prozentuale Anzahl der weißäugigen $F_2$-Fliegen unseres Versuchs also anzugeben ist

$$26,15 \pm 3,15.$$

Wir erwarten nun für die weißäugigen $F_2$-Tiere eine Häufigkeit von 25%. Vergleichen wir mit dieser theoretischen Zahl die tatsächlich erhaltene Zahl $26,15 \pm 3,15$, so erkennen wir, daß die Zahl 25% innerhalb des halben mittleren Fehlers von 26,15, nämlich innerhalb der beiden Zahlen 26,15 und $(26,15 - 1,58)$ liegt. Der empirische Zahlenwert ist also als eine sehr gute Annäherung an die theoretische Erwartung anzusehen.

Wir brauchen uns nun nicht mit der für unser Beispiel soeben getroffenen Feststellung zu begnügen, daß der theoretische Mendelwert innerhalb des halben mittleren Fehlers der empirischen Zahl liegt, also die Übereinstimmung beider Werte eine hohe ist. Vielmehr können wir darüber hinaus noch zu einem zahlenmäßigen Ausdruck für den Grad dieser Übereinstimmung kommen.

Wir müssen zu diesem Zweck die wirkliche Abweichung unserer empirischen Mendel-Zahl vom theoretischen Wert zur zulässigen Abweichung ins Verhältnis setzen, mit anderen Worten: die Differenz zwischen empirischem und theoretischem Wert in ihrem Verhältnis zum mittleren Fehler ins Auge fassen. Wir müssen also diese Differenz $D$ durch den mittleren Fehler $m$ dividieren. Der Quotient $\dfrac{D}{m}$ ist ein exaktes Maß für die Genauigkeit unserer im Versuch gefundenen Mendel-Zahl.

Die Identifizierung der beiden zu vergleichenden Werte, des empirischen und des theoretischen, kann im äußersten Fall als zulässig gelten, wenn $\frac{D}{m} = 3$ ist, wenn also $D$ auf der Grenze des dreifachen mittleren Fehlers liegt. Jede Annäherung nach 0 hin erhöht die Wahrscheinlichkeit für die Richtigkeit einer solchen Identifizierung.

Für unser Beispiel ist $\frac{D}{m} = \frac{1{,}15}{3{,}15} = 0{,}37.$

*Tabellarische Übersicht.*

Nach dem bisher Gesagten wird es keine weiteren Schwierigkeiten machen, die Übersicht S. 94—95 zu verstehen, die alle Möglichkeiten einer Prüfung von Mendel-Zahlen mittels $m$ zusammenstellt. Es ist ja nicht unbedingt notwendig, die Mendel-Zahlen in Prozenten auszudrücken, um $m$ berechnen zu können. Vielmehr könnten wir die im Versuch erhaltenen $F_1$-Zahlen statt auf $75\% : 25\% = 100\%$ auch auf die Zahlen $3 : 1 = 4$ umrechnen oder sie schließlich einfach als absolute Zahlen benutzen. Der Schwankungsbetrag $m$, der sich mit grundsätzlich immer der gleichen Formel berechnen läßt, bekommt dabei jeweils einen anderen absoluten Wert, behält natürlich aber seine relative Größe, da es sich ja immer um die gleichen, nur anders umgerechneten $F_2$-Zahlen handelt.

Wie die Tabelle des näheren zeigt, kann man also die Zahlenprüfung mittels $m$ 1. für die rohen Ausgangszahlen unmittelbar, 2. für ihre Prozentwerte und 3. für die in die Mendel-Proportion, hier also $3 : 1$, umgerechneten Zahlen durchführen. Wir ziehen dabei unser bisheriges Beispiel heran.

Dabei kann man entweder I. von den empirischen Zahlen ausgehen, um nachzusehen, ob die theoretischen Zahlen innerhalb von deren Schwankungsbreite liegen, oder II. von den theoretischen Zahlen, um zu sehen, ob in deren Schwankungsspielraum die empirischen Zahlen hineinfallen; die Ergebnisse nach I und II sind natürlicherweise nahezu identisch. Manchmal kann der eine, manchmal der andere Weg praktischer sein; doch kommt grundsätzlich dem ersteren der Vorzug zu, weil dabei einfach die empirischen Werte mittels der ihnen zugeordneten mittleren Fehler geprüft werden, ohne daß also die Fehlerberechnung von bestimmten theoretischen Voraussetzungen ausgeht.

Es genügt natürlich, die Zahlenprüfung auf einem der angegebenen sechs Wege durchzuführen.

Man muß sich indes vor dem Irrtum hüten, als sei mit dem Nachweis der zahlenmäßigen Zulässigkeit eines Schlusses dieser auch bewiesen. Das ist oft der Fall, aber nicht immer. Der positive Ausfall einer Zahlenprüfung besagt nur, daß vom fehlerkritischen Standpunkt aus gegen die Richtigkeit des Schlusses nichts einzuwenden ist; über die Richtigkeit der Sache besagt er an sich nichts. Über die Zahlen urteilt der Mathematiker, über die Sache der Biologe. Und umgekehrt darf ein aus biologischen Folgerungen sich aufdrängender Schluß nicht ohne weiteres als falsch abgelehnt werden, weil die Zahlen mit der theoretischen Erwartung nicht übereinstimmen; allerdings muß man danach streben, durch weitere Arbeit seinen Schluß auch zahlenmäßig sicherzustellen, und darf ihn bis dahin nicht als bewiesen ansehen.

## Anhang 1.

### Verfeinerte Prüfung einer Übereinstimmung zwischen empirischen und theoretischen Zahlen.

Die verfeinerte Fehlerprüfung besteht in der bloßen Fortführung des Prinzips der Berechnung von $\frac{D}{m}$.

Wir sahen: Je mehr $\frac{D}{m}$ dem Grenzwert 0 genähert ist, um so höher darf die Übereinstimmung zwischen empirischem und theoretischem Wert genannt werden, je mehr $\frac{D}{m}$ dem Grenzwert 3 genähert ist, um so geringer. Die Änderung des theoretischen $\frac{D}{m}$-Wertes schreitet nun aber nicht linear, sondern im Sinne der Binomialkurve fort. Daher ist die feinere Beurteilung des $\frac{D}{m}$-Wertes, die uns jetzt beschäftigen soll, schwieriger.

Prüfung zahlreicher Zahlenwerte. Man kann beispielsweise, wenn man in einer Reihe gleichartig durchgeführter Versuche mit *Drosophila melanogaster* eine Reihe von Austauschwerten (Crossingover-Werten) für die gleichen Erbanlagen findet, nämlich

41,63%  
50,69%  
39,45%  
48,79%  
46,98% usw.,

die Frage aufwerfen, ob diese einzelnen Werte, die zwischen 39,5 und 50,7% liegen, rein zufallsmäßige Varianten eines bestimmten Austauschwerts sind, oder ob ihre Abweichungen von diesem Wert insgesamt in einer bestimmten Richtung liegen.

Wenn die fraglichen Zahlenwerte tatsächlich rein zufallsmäßige Varianten eines und desselben Wertes sind, so müssen sie um diesen Wert nach Art einer Zufallskurve, einer Binomialkurve, geordnet sein. Unsere Serie empirischer Zahlenwerte würde dann einer Reihe von Individuen entsprechen, die zusammen eine binomiale Variationsreihe bilden.

Es muß nun, damit den Abweichungen innerhalb dieser Gesamtserie Zufallscharakter zukomme, eine bestimmte theoretisch angebbare Anzahl dieser Werte (vgl. Tab. 6 S. 19) innerhalb $\pm 0,5\,m$ von ihrem typischen Wert aus liegen, eine bestimmte Anzahl innerhalb $\pm 1,0\,m$, innerhalb $\pm 1,5\,m$ usw.

Um zu prüfen, ob dies zutrifft, müssen wir sämtliche Quotienten $\frac{D}{m}$ unserer Austauschwerte nach steigender Größe ordnen und dann abzählen, wie viele dieser Quotienten zwischen 0,0 und 0,5, wie viele zwischen 0,5 und 1,0, zwischen 1,0 und 1,5 usw. liegen. Diese empirische Verteilung der Quotienten $\dfrac{D}{m}$ haben wir mit der theoretischen Verteilung zu vergleichen, wie Tab. 6 S. 19 sie angibt. In nachstehender Tabelle (nach G. Just) ist dies für unser Beispiel durchgeführt.

| Es liegen zwischen und | M $\pm 0,5\,m$ | $\pm 0,5\,m$ $\pm 1,0\,m$ | $\pm 1,0\,m$ $\pm 1,5\,m$ | $\pm 1,5\,m$ $\pm 2,0\,m$ | $\pm 2,0\,m$ $\pm 2,5\,m$ | $\pm 2,5\,m$ $\pm 3,0\,m$ | Zahl der Austauschwerte Gelb — Band |
|---|---|---|---|---|---|---|---|
| empirisch . . . . . | 11 | 8 | 8 | 1 | 0 | 0 | 28 |
| theoretisch . . . . . | 10,7 | 8,4 | 5,1 | 2,5 | 0,9 | 0,3 | 27,9 |

*Noch weitere Verfeinerung der Prüfung.* Man kann nun, vor allem bei subtilen Vergleichungen, noch einen Schritt weiter gehen. Ebenso

Tab. 15. Tabelle zur $\dfrac{D}{m}$-Methode. (Aus G. Pólya.)

|  | 0 | 1 | 2 | 3 | 4 | 5 | 6 | 7 | 8 | 9 |
|---|---|---|---|---|---|---|---|---|---|---|
| 0,0 | 0000 | 0040 | 0080 | 0120 | 0160 | 0199 | 0239 | 0279 | 0319 | 0359 |
| 0,1 | 0398 | 0438 | 0478 | 0517 | 0557 | 0596 | 0636 | 0675 | 0714 | 0753 |
| 0,2 | 0793 | 0832 | 0871 | 0909 | 0948 | 0987 | 1026 | 1064 | 1103 | 1141 |
| 0,3 | 1179 | 1217 | 1255 | 1293 | 1331 | 1368 | 1406 | 1443 | 1480 | 1517 |
| 0,4 | 1554 | 1591 | 1628 | 1664 | 1700 | 1736 | 1772 | 1808 | 1844 | 1879 |
| 0,5 | 1915 | 1950 | 1985 | 2019 | 2054 | 2088 | 2123 | 2157 | 2190 | 2224 |
| 0,6 | 2257 | 2291 | 2324 | 2357 | 2389 | 2422 | 2454 | 2486 | 2517 | 2549 |
| 0,7 | 2580 | 2611 | 2642 | 2673 | 2704 | 2734 | 2764 | 2794 | 2823 | 2852 |
| 0,8 | 2881 | 2910 | 2939 | 2967 | 2995 | 3023 | 3051 | 3078 | 3106 | 3133 |
| 0,9 | 3159 | 3186 | 3212 | 3238 | 3264 | 3289 | 3315 | 3340 | 3365 | 3389 |
| 1,0 | 3413 | 3438 | 3461 | 3485 | 3508 | 3531 | 3554 | 3577 | 3599 | 3621 |
| 1,1 | 3643 | 3665 | 3686 | 3708 | 3729 | 3749 | 3770 | 3790 | 3810 | 3830 |
| 1,2 | 3849 | 3869 | 3888 | 3907 | 3925 | 3944 | 3962 | 3980 | 3997 | 4015 |
| 1,3 | 4032 | 4049 | 4066 | 4082 | 4099 | 4115 | 4131 | 4147 | 4162 | 4177 |
| 1,4 | 4192 | 4207 | 4222 | 4236 | 4251 | 4265 | 4279 | 4292 | 4306 | 4319 |
| 1,5 | 4332 | 4345 | 4357 | 4370 | 4382 | 4394 | 4406 | 4418 | 4428 | 4441 |
| 1,6 | 4452 | 4463 | 4474 | 4484 | 4495 | 4505 | 4515 | 4525 | 4535 | 4545 |
| 1,7 | 4554 | 4564 | 4573 | 4582 | 4591 | 4599 | 4608 | 4616 | 4625 | 4633 |
| 1,8 | 4641 | 4649 | 4656 | 4664 | 4671 | 4678 | 4686 | 4693 | 4699 | 4706 |
| 1,9 | 4713 | 4719 | 4726 | 4732 | 4738 | 4744 | 4750 | 4756 | 4761 | 4767 |
| 2,0 | 4772 | 4778 | 4783 | 4788 | 4793 | 4798 | 4803 | 4808 | 4812 | 4817 |
| 2,1 | 4821 | 4826 | 4830 | 4834 | 4838 | 4842 | 4846 | 4850 | 4854 | 4857 |
| 2,2 | 4861 | 4864 | 4868 | 4871 | 4875 | 4878 | 4881 | 4884 | 4887 | 4890 |
| 2,3 | 4893 | 4896 | 4898 | 4901 | 4904 | 4906 | 4909 | 4911 | 4913 | 4916 |
| 2,4 | 4918 | 4920 | 4922 | 4925 | 4927 | 4929 | 4931 | 4932 | 4934 | 4936 |
| 2,5 | 4938 | 4940 | 4941 | 4943 | 4945 | 4946 | 4948 | 4949 | 4951 | 4952 |
| 2,6 | 4953 | 4955 | 4956 | 4957 | 4959 | 4960 | 4961 | 4962 | 4963 | 4964 |
| 2,7 | 4965 | 4966 | 4967 | 4968 | 4969 | 4970 | 4971 | 4972 | 4973 | 4974 |
| 2,8 | 4974 | 4975 | 4976 | 4977 | 4977 | 4978 | 4979 | 4979 | 4980 | 4981 |
| 2,9 | 4981 | 4982 | 4982 | 4983 | 4984 | 4984 | 4985 | 4985 | 4986 | 4986 |
| 3,0 | 4987 | 4987 | 4987 | 4988 | 4988 | 4989 | 4989 | 4989 | 4990 | 4990 |
| 3,1 | 4990 | 4991 | 4991 | 4991 | 4992 | 4992 | 4992 | 4992 | 4993 | 4993 |
| 3,2 | 4993 | 4993 | 4994 | 4994 | 4994 | 4994 | 4994 | 4995 | 4995 | 4995 |
| 3,3 | 4995 | 4995 | 4995 | 4996 | 4996 | 4996 | 4996 | 4996 | 4996 | 4997 |
| 3,4 | 4997 | 4997 | 4997 | 4997 | 4997 | 4997 | 4997 | 4997 | 4997 | 4998 |

wie sich theoretisch angeben läßt, wie viele Werte der idealen Binomialkurve zwischen $M$ und $\pm 0{,}5\,m$ liegen, läßt sich auch angeben, wie viele zwischen $M$ und $\pm 0{,}25\,m$, $M$ und $\pm 0{,}10\,m$, aber auch $\pm 0{,}17$ oder $\pm 0{,}13\,m$ usw. liegen.

Die vorstehende Tab. 15 gibt — unter Zugrundelegung einer Zahl von $n = 10\,000$ Individuen (Einzelwerten) — an, wie sich die beiden symmetrisch zum Mittelwert gelegenen Individuenhälften — die rechts gelegenen 5000 Individuen bzw. die links gelegenen 5000 Individuen — über das Gesamtstreuungsareal einer idealen Binomialkurve verteilen.

Beispielsweise liegen innerhalb $M + 0{,}50\,m$ laut Tabelle 1915 Individuen; ebensoviele Individuen liegen natürlich auch innerhalb $M - 0{,}50\,m$, so daß zwischen $M \pm 0{,}50\,m$ von $10\,000$ Individuen $2 \cdot 1915 = 3830$ liegen, mit anderen Worten 38,3% der Gesamtindividuenzahl. Diese Zahl 38,3 ist diejenige, die wir aus der Tab. 6 S. 19 kennen. Innerhalb $M \pm 0{,}51\,m$ liegen 1950 Individuen, innerhalb $M \pm 0{,}51\,m$ also wiederum die doppelte Zahl, nämlich $3900 = 39{,}0\%$ usw.

Wenn man daher die Quotienten $\dfrac{D}{m}$ nach ansteigender Größe geordnet hat (Tab. 16), so kann man einerseits angeben, wie viele Fälle insgesamt bis zu jedem $\dfrac{D}{m}$-Wert, d. h. bis zu jedem durch einen empirischen Einzelwert gekennzeichneten Punkte der als binomial vermuteten Kurve, tatsächlich liegen, und kann andererseits mit Hilfe der Tab. 15 berechnen, wie viele Werte bis zu diesem Punkte theoretisch liegen müssen. Man erhält so zwei Reihen ansteigender Zahlen, die die jeweilige empirische bzw. theoretische Anzahl dieser Zahlenwerte angeben. Beide Reihen vergleicht man miteinander auf ihre Übereinstimmung, so wie es Tab. 16 für die von uns als Beispiel herangezogenen Austauschwerte zeigt.

Tab. 16. Aufzählungstabelle. (Nach G. Just.)
Nähere Erklärung im Text.

| Es liegen bis $\dfrac{D}{m}$ | Anzahl der Einzelwerte | | Es liegen bis $\dfrac{D}{m}$ | Anzahl der Einzelwerte | | Es liegen bis $\dfrac{D}{m}$ | Anzahl der Einzelwerte | |
|---|---|---|---|---|---|---|---|---|
| | empirisch | theoretisch | | empirisch | theoretisch | | empirisch | theoretisch |
| 0,01 | 1 | 0,22 | 0,48 | 11 | 10,33 | 1,13 | 20 | 20,75 |
| 0,04 | 2 | 0,90 | 0,51 | 12 | 10,92 | 1,19 | 21 | 21,44 |
| 0,15 | 3 | 3,34 | 0,53 | 13 | 11,31 | 1,25 | 22 | 22,09 |
| 0,19 | 4 | 4,21 | 0,56 | 14 | 11,88 | 1,27 | 23 | 22,29 |
| 0,22 | 6 | 4,88 | 0,78 | 15 | 15,81 | 1,31 | 24 | 22,67 |
| 0,23 | 7 | 5,10 | 0,84 | 16 | 16,76 | 1,34 | 25 | 22,96 |
| 0,29 | 8 | 6,38 | 0,90 | 17 | 17,69 | 1,35 | 26 | 23,04 |
| 0,37 | 9 | 8,08 | 0,95 | 18 | 18,42 | 1,47 | 27 | 24,03 |
| 0,43 | 10 | 9,32 | 0,96 | 19 | 18,56 | 1,82 | 28 | 26,07 |

Bei der *Berechnung der theoretischen Vergleichswerte* gehen wir von der großen Tab. 15 S. 99 aus, die diese Werte für $n = 10\,000$ aufzählt. Im vorliegenden Falle suchen wir sie für $n = 28$. Nun lesen wir, um einen beliebigen Punkt herauszugreifen, aus der Tabelle ab, daß innerhalb $M + 0{,}43\,m$ von 10000 Einzelwerten 1664, von 28 Einzelwerten also

$\dfrac{28 \cdot 1664}{10\,000} = 4{,}66$ liegen. Da die gleiche Anzahl, nämlich 4,66 Einzelwerte, auch innerhalb des Areals $M - 0{,}43\,m$ liegen muß, so liegen zwischen $M \pm 0{,}43\,m$ also $2 \cdot 4{,}66 = 9{,}32$ Werte. Diesen theoretisch

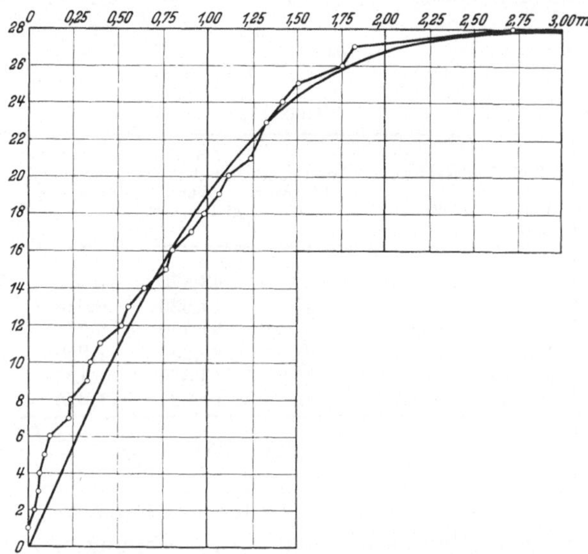


Abb. 51. Die Übereinstimmung zwischen immer zwei einander entsprechenden Austauschwerten, mittels $\dfrac{D}{m}$ an 28 *Drosophila*-Weibchen geprüft. Jeder empirische $D$-Wert (= Differenz zwischen dem jeweiligen Austauschwert Grau-rundäugig und dem Austauschwert gelb-Bandäugig) ist durch einen Kreis in seiner Lage zwischen 0,00 und 3,00 $m$ markiert. Die Linie der empirischen $\dfrac{D}{m}$-Häufigkeiten ist der theoretischen Linie eng angeschmiegt. (Nach G. JUST.)

erforderten 9,32 Werten entsprechen, wie in Tab. 16 abzulesen, 10 unserer Werte. Ebenso entsprechen den 18,56 Werten, die theoretisch innerhalb $M \pm 0{,}96$ zu erwarten sind, tatsächlich 19 Werte usw.

Ein ähnlicher Vergleich empirischer und theoretischer Werte ist in Abb. 51 graphisch veranschaulicht.


## Anhang 2.
### PEARSONS Methode der Zahlenprüfung.

Eine von der in Anhang 1 behandelten Methode etwas abweichende Methode zur Prüfung der Übereinstimmung empirischer Zahlenwerte mit theoretisch erwarteten Werten, die ebenfalls eine Feststellung des Grades dieser Übereinstimmung ermöglicht, und die auf PEARSON zurückgeht, findet in der englisch geschriebenen Vererbungsliteratur so ausgedehnte Anwendung, daß wir es für zweckmäßig halten, sie hier ebenfalls zu besprechen.

Man tabuliert wieder nebeneinander die tatsächlich beobachteten ($p$) und die erwarteten ($q$) Zahlen und subtrahiert sie voneinander. Diese

Differenz $D = p - q$ quadriert man und dividiert das Quadrat durch die theoretisch erwartete Zahl $q$, wobei Quadrierung und Division zweckmäßig auf logarithmischem Wege oder mittels des Rechenschiebers erfolgen. Schließlich summiert man alle diese in der letzten Spalte der Tabelle stehenden Quotientenwerte $\dfrac{(p-q)^2}{q} = \dfrac{D^2}{q}$ und erhält so

$$\chi^2 = \Sigma \frac{D^2}{q}.$$

Tab. 17.

| Klasse Nr. | $F_2$-Merkmalsklassen | | Empirischer Zahlenwert $p$ | Theoretischer Vergleichswert $q$ | $D = p - q$ | $\dfrac{D^2}{q}$ |
|---|---|---|---|---|---|---|
| | Blüten- farbe | Blüten- form | | | | |
| 1 | rot | normal | 39 | 43,875 | 4,875 | 0,542 |
| 2 | rot | radiär | 15 | 14,625 | 0,375 | 0,010 |
| 3 | blaßrot | normal | 94 | 87,750 | 6,250 | 0,445 |
| 4 | blaßrot | radiär | 28 | 29,250 | 1,250 | 0,053 |
| 5 | elfenbein | normal | 45 | 43,875 | 1,125 | 0,029 |
| 6 | elfenbein | radiär | 13 | 14,625 | 1,625 | 0,181 |
| | | | $n = 234$ | 234,000 | $\chi^2 = \Sigma \dfrac{D^2}{q} = 1,260$ | |

*Beispiel.* In Tab. 17, die sich auf den in Übung 20 ausführlich behandelten Kreuzungsfall bezieht und die Berechnung im einzelnen vorführt, ergibt sich

$$\chi^2 = 1,260.$$

Für jeden Wert von $\chi^2$ läßt sich nun in einer — von W. P. ELDERTON ausgearbeiteten — Tabelle (vgl. Tab. 18) nachschlagen, wie groß in Prozenten die Wahrscheinlichkeit $P$ (= probability) dafür ist, daß die Differenzen zwischen empirisch beobachteten und theoretischen Werten, die wir bei Heranziehung weiteren Materials finden würden, nicht *geringer* sind als die von uns gefundenen Differenzen, wie groß also die Wahrscheinlichkeit dafür ist, daß sich bei weiterem Material keine bessere Übereinstimmung zwischen Theorie und Erfahrung findet, als wir sie in dem geprüften Falle festgestellt haben. Je größer der Wert von $P$, um so größer ist also die Übereinstimmung zwischen empirischen und theoretisch erwarteten Zahlen.

Aus der Tabelle ELDERTONS bringen wir in Tab. 18 einen für sehr viele praktischen Bedürfnisse ausreichenden Ausschnitt, der für alle $\chi^2$ zwischen 1 und 20 und für jede Anzahl $n'$ von Variantenklassen zwischen 3 und 10 die $P$-Werte nachzuschlagen erlaubt. Für weitergehende Bedürfnisse muß die Originaltabelle (abgedruckt bei PEARSON 1924) zu Rate gezogen werden.

Bevor wir die Benutzung der Tabelle besprechen, seien zu ihrem Verständnis zwei Bemerkungen vorausgeschickt.

1. Da $\chi^2$ die Summe der Quadrate aller empirischen Differenzen dividiert durch die theoretisch erwarteten Zahlen darstellt, so muß, je

geringer der Zahlenwert dieser Differenzen-Quadrate ist, um so kleiner der Wert von $\chi^2$ sein und um so größer die Wahrscheinlichkeit $P$ einer Übereinstimmung zwischen Theorie und Erfahrung. Dementsprechend stehen in jeder senkrechten Reihe der Tabelle, deren jede sich auf eine bestimmte Zahl $n'$ von zu prüfenden empirischen Zahlenwerten bezieht, die höchsten Wahrscheinlichkeiten $P$ bei $\chi^2 = 1$, die geringsten bei $\chi^2 = 20$.

Tab. 18. Tabelle zur $\chi^2$-Methode. (Nach W. P. ELDERTON.)

| $\chi^2$ | $n' = 3$ | $n' = 4$ | $n' = 5$ | $n' = 6$ | $n' = 7$ | $n' = 8$ | $n' = 9$ | $n' = 10$ |
|---|---|---|---|---|---|---|---|---|
| 1 | ·606 531 | ·801 253 | ·909 796 | ·962 566 | ·985 612 | ·994 829 | ·998 249 | ·999 438 |
| 2 | ·367 879 | ·572 407 | ·735 759 | ·849 146 | ·919 699 | ·959 840 | ·981 012 | ·991 468 |
| 3 | ·223 130 | ·391 625 | ·557 825 | ·699 986 | ·808 847 | ·885 002 | ·934 357 | ·964 295 |
| 4 | ·135 335 | ·261 464 | ·406 006 | ·549 416 | ·676 676 | ·779 778 | ·857 123 | ·911 413 |
| 5 | ·082 085 | ·171 797 | ·287 298 | ·415 880 | ·543 813 | ·659 963 | ·757 576 | ·834 308 |
| 6 | ·049 787 | ·111 610 | ·199 148 | ·306 219 | ·423 190 | ·539 750 | ·647 232 | ·739 919 |
| 7 | ·030 197 | ·071 897 | ·135 888 | ·220 640 | ·320 847 | ·428 880 | ·536 632 | ·637 119 |
| 8 | ·018 316 | ·046 012 | ·091 578 | ·156 236 | ·238 103 | ·332 594 | ·433 470 | ·534 146 |
| 9 | ·011 109 | ·029 291 | ·061 099 | ·109 064 | ·173 578 | ·252 656 | ·342 296 | ·437 274 |
| 10 | ·006 738 | ·018 566 | ·040 428 | ·075 235 | ·124 652 | ·188 573 | ·265 026 | ·350 485 |
| 11 | ·004 087 | ·011 726 | ·026 564 | ·051 380 | ·088 376 | ·138 619 | ·201 699 | ·275 709 |
| 12 | ·002 479 | ·007 383 | ·017 351 | ·034 787 | ·061 969 | ·100 558 | ·151 204 | ·213 308 |
| 13 | ·001 503 | ·004 637 | ·011 276 | ·023 379 | ·043 036 | ·072 109 | ·111 850 | ·162 607 |
| 14 | ·000 912 | ·002 905 | ·007 295 | ·015 609 | ·029 636 | ·051 181 | ·081 765 | ·122 325 |
| 15 | ·000 553 | ·001 817 | ·004 701 | ·010 363 | ·020 256 | ·036 000 | ·059 145 | ·090 937 |
| 16 | ·000 335 | ·001 134 | ·003 019 | ·006 844 | ·013 754 | ·025 116 | ·042 380 | ·066 881 |
| 17 | ·000 203 | ·000 707 | ·001 933 | ·004 500 | ·009 283 | ·017 396 | ·030 109 | ·048 716 |
| 18 | ·000 123 | ·000 440 | ·001 234 | ·002 947 | ·006 232 | ·011 970 | ·021 226 | ·035 174 |
| 19 | ·000 075 | ·000 273 | ·000 786 | ·001 922 | ·004 164 | ·008 187 | ·014 860 | ·025 193 |
| 20 | ·000 045 | ·000 170 | ·000 499 | ·001 250 | ·002 769 | ·005 570 | ·010 336 | ·017 913 |

2. Mit der Vermehrung der Zahl $n'$ der empirischen Zahlenwerte ist ein entsprechendes Hinzutreten neuer Quotienten $\dfrac{D^2}{q}$ und damit ein Anwachsen des $\chi^2$-Wertes verbunden. Der gleiche $\chi^2$-Wert bedeutet also bei einer größeren Zahl von zu prüfenden Zahlenwerten einen höheren Übereinstimmungsgrad zwischen Erfahrung und Erwartung als bei einer geringeren Zahl derselben. In den Querreihen der Tab. 18 nehmen die $P$-Werte daher von links nach rechts zu.

*Benutzung der Tabelle.* Die Tab. 18 gibt die von uns gesuchten Wahrscheinlichkeiten $P$ nur für die ganzzahligen Werte von $\chi^2$ an, also für $\chi^2 = 1$, $\chi^2 = 2$ usw. Nun ist praktisch $\chi^2$ fast immer eine Dezimalzahl. Daher muß man die jeweilige Wahrscheinlichkeit $P$ durch Interpolation errechnen.

In unserem *Beispiel* (Tab. 17) haben wir es mit sechs Zahlenwerten, nämlich den sechs $F_2$-Merkmalsklassen des betreffenden Versuchs, zu tun; wir müssen in der Tab. 18 also unter $n' = 6$ ablesen. Der von uns in Tab. 17 für diese sechs Zahlenwerte errechnete Wert $\chi^2 = 1{,}260$ liegt zwischen 1 und 2, und zwar ist er um 0,260 größer als 1,000. Da mit

zunehmendem $\chi^2$-Wert der $P$-Wert kleiner wird, so muß der $P$-Wert
für $\chi^2 = 1{,}260$ um einen dem Mehrbetrag 0,260 entsprechenden Betrag
kleiner sein als der $P$-Wert für $\chi^2 = 1$.

Die zu $\chi^2 = 1$ und $\chi^2 = 2$ gehörenden $P$-Werte schreiben wir also
aus der Spalte $n' = 6$ heraus:

$$\text{Zu } \chi^2 = 1 \text{ gehört } P = 0{,}962\,566$$
$$\text{Zu } \chi^2 = 2 \text{ gehört } P = 0{,}849\,146$$

Die Differenz dieser beiden $P$-Werte beträgt 0,113 420.

Multiplizieren wir diese Zahl 0,113 420 mit dem oben angegebenen
Differenzwert 0,260, so erhalten wir denjenigen Betrag, um den wir den
für $\chi^2 = 1$ geltenden Wert von $P$ verringern müssen, damit wir den
für $\chi^2 = 1{,}260$ geltenden Wahrscheinlichkeitswert $P$ erhalten.

Bei Durchführung dieser Interpolationsrechnung ergibt sich
$P = 0{,}9331$. Das heißt: Wenn wir 100 solcher Versuche wie den
vorliegenden durchführen könnten, so wäre nur in sieben
Fällen eine noch bessere Übereinstimmung zwischen theoretischen und empirischen Zahlen zu erwarten, in 93 Fällen
(= 93,31%) dagegen eine höchstens ebensogute oder eine geringere Übereinstimmung. Wir haben in unserer Zahl $P = 0{,}9331$
oder 93,31% also den Ausdruck einer sehr hohen Übereinstimmung
zwischen Versuchsergebnis und theoretischer Mendel-Erwartung.

Auch an dem *zweiten Beispiel* (Tab. 19), das sich auf den in Übung 21
ausführlich behandelten Mendel-Fall bezieht, lernen wir einen an Ge-
wißheit grenzenden Grad der Übereinstimmungswahrscheinlichkeit
zwischen empirischem Befund und theoretischer Erwartung, nämlich
eine 95,28proz. Sicherheit, kennen. Das Beispiel soll zugleich zeigen,
wie bei der Berechnung von $P$ zu verfahren ist, wenn $\chi^2$
kleiner als 1 ist.

Tab. 19.

| Klasse Nr. | Merkmale | Empirischer Zahlenwert $P$ | Theoretischer Vergleichswert $q$ | $D = p - q$ | $\dfrac{D^2}{q}$ |
|---|---|---|---|---|---|
| 1 | Einfarbige. . . . . | 163 | 160,31 | 2,69 | 0,045 |
| 2 | Albinos . . . . . . | 69 | 71,25 | 2,25 | 0,071 |
| 3 | Schecken . . . . . | 53 | 53,44 | 0,44 | 0,004 |

$$\chi^2 = 0{,}120$$

$$\text{Bei } n' = 3 \text{ gilt für } \chi^2 = 0 \quad P = 1{,}000\,000$$
$$\chi^2 = 1 \quad P = 0{,}606\,531$$
$$\overline{\phantom{\chi^2 = 1 \quad P = } 0{,}393\,469}$$
$$0{,}393\,469 \cdot 0{,}120 = 0{,}0472$$

$$1{,}0000$$
$$-\,0{,}0472$$
$$\overline{P = 0{,}9528 = 95{,}28\%.}$$

## Übung 18.

### Letalfaktoren.

*Material und Aufgabe.*

Es werden Pärchen gelber Mäuse verteilt. Die direkte Nachkommenschaft der Paarungen gelb × gelb ist zu untersuchen.

*Zuchttechnik.*

Die Übung soll zugleich Gelegenheit geben, die Zucht eines in einer großen Anzahl von Erbformen vor allem Farbrassen, zur Verfügung stehenden, dabei bequem zu haltenden Tieres kennenzulernen.

Als Zuchtbehälter für Mäuse kann man entweder Drahtkäfige oder Glasbehälter benutzen. Erstere stellt man am besten nicht unmittelbar auf den Tisch oder das Brett eines Regals, sondern auf Blechunterlagen, die mit Torfmull bestreut sind. Man braucht sie zum Zwecke der Reinigung von dieser Unterlage nur aufzuheben, leicht abzuschütteln und auf eine neue Torfmullunterlage zu stellen. Glasbehälter haben den Nachteil einer weniger guten Luftdurchströmung, ersparen aber die Beschaffung besonderer Käfige. Sie müssen in etwa dreiwöchigen Abständen gewechselt werden; bei dieser Gelegenheit werden natürlich die bis dahin gebrauchten Gläser gründlich gereinigt. Sehr zweckmäßig sind Glasaquarien etwa der Maße 30 cm Länge, 20 cm Breite, 20 cm Höhe, die man mit einem Drahtgazedeckel verschließt, der über den

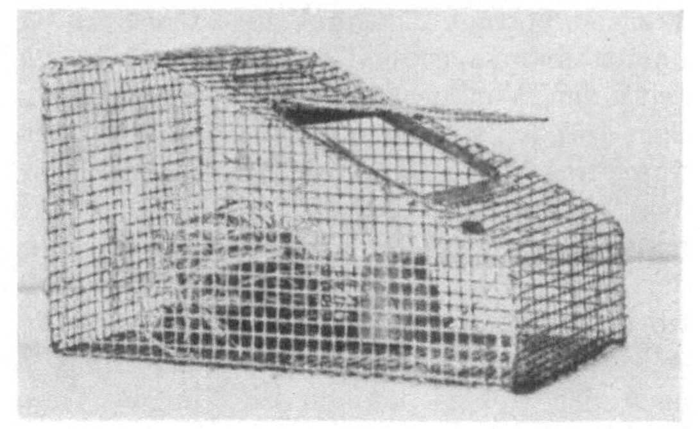


Abb. 52. Mäusekäfige. (Aus H. NACHTSHEIM.) *a* Modell P. HERTWIG, Höhe 18 cm, Durchmesser 22 cm, Drahtstärke 1—1½ mm, Maschenweite etwa 1 cm. *b* Modell CASTLE (amerikanisches Modell), Länge 30 cm, Breite 19 cm, vordere Höhe 8 cm, hintere Höhe 18 cm.

Aquarienrand herübergreift. Auf den Boden des Aquariums wird eine
2—3 cm hohe Schicht von Torfmull geschüttet.

In eine Ecke des Zuchtbehälters kann man einen umgestülpten
kleinen Blumentopf mit ausgebrochener Öffnung stellen, besser noch eine
kleine Pappschachtel (etwa 9 × 12 × 5 cm), aus der ebenfalls eine kleine
Tür ausgeschnitten ist. Etwas Holzwolle, Heu oder Watte dient den
Tieren zum Bau eines Nestes, das im Dunkeln geschützt liegt, in das der
Beobachter aber durch vorsichtiges Aufheben des kleinen Behältnisses
leicht Einblick nehmen kann. In eine im Pappdach ausgestanzte kreis-
förmige Öffnung kann man ein Näpfchen hineinpressen; darin kann man
den Tieren Wasser oder Milch geben, ohne befürchten zu müssen, daß
das Näpfchen umgestoßen oder durch Torfmull zu sehr verschmutzt
wird.

Als Futter gibt man Hafer- oder Reisbrei (in einem Näpfchen),
trockene Haferflocken, Korn, Brotstückchen, aufgeweichtes Brot u.ä.
Um die richtigen Futtermengen kennenzulernen, füttere man anfangs
sparsam und beobachte, wann der Vorrat verzehrt ist. Trächtigen und
vor allem säugenden Tieren muß man Milch, etwa verdünnte Kondens-
milch, geben; sonst ist es im allgemeinen nicht nötig, etwa Wasser zu
geben.

Treten Milben in einem Glase auf, so benutze man die in ihm befindlichen Tiere nicht mehr zur Weiterzucht und reinige nicht nur das
Glas, sondern auch den Platz, auf dem es gestanden hat, sorgfältig mit
heißem Wasser.

Fortpflanzung und Entwicklung. Man kann vom gleichen
Mäusepärchen leicht eine größere Anzahl von Jungen erzielen, da ein
Weibchen bereits innerhalb weniger Monate mehrere Male werfen kann.
Die Weibchen werden in Abständen von ±21 Tagen brünstig. Auch die
Tragzeit beträgt 21 Tage. Es ist also an sich möglich, daß eine Maus
unmittelbar nach dem Wurf abermals befruchtet wird und nun gleichzeitig den Wurf großzieht und einen weiteren austrägt. Aus naheliegen-
den Gründen schließt man diese Möglichkeit besser von vornherein dadurch aus, daß man das Muttertier kurz vor dem Wurf alleinsetzt und
das Männchen erst wieder drei Wochen später dazusetzt. Inzwischen
haben sich die bei der Geburt völlig nackten und blinden Jungen, von
der Mutter gesäugt, rasch entwickelt, so daß sie in der dritten Lebens-
woche beginnen, das Nest zu verlassen und von der vierten Woche an als
selbständig lebensfähig angesehen werden können. Etwa vier Monate
nach der Geburt können die jungen Tiere ihrerseits bereits wieder
Nachkommenschaft haben.

Bisweilen werden die Jungen von der Mutter an- oder aufgefressen
oder vernachlässigt. Weibchen, bei denen das ein zweitesmal geschieht,
schließt man am besten aus seinem Tierbestand aus.


*Versuchsergebnis.*

Aus der Paarung gelbfarbener Mäuse untereinander gehen doppelt
so viel gelbe als andersfarbene Junge hervor.

*Versuchsauswertung.*

1. Das Verhältnis *2 : 1* tritt nur dort auf, wo ein Gen im homozygoten Zustande die Entwicklung des betreffenden Individuums mehr oder weniger frühzeitig zum Abbruch bringt. Das Gen für Gelbfarbigkeit wirkt also im homozygoten Zustand letal, während es sich im heterozygoten Zustande bereits in der Haarfärbung auswirkt. Das Gen $A^y$ kann somit als dominantes Farb-Gen mit rezessiver Letalwirkung bezeichnet werden.

2. Eine Reinzucht gelber Mäuse ist demgemäß nicht möglich; vielmehr spalten in jeder Generation ein Drittel nichtgelber Tiere heraus.

3. Das Gen $A^y$ äußert sich heterozygot nicht nur in der Gelbfärbung, sondern u. a. auch in stärkerem Fettansatz.

## Übung 19.
## Zweimerkmalige Kreuzung.
*Material und Aufgabe.*

Folgende Kreuzungsversuche sind in der gleichen Weise wie die bisherigen *Drosophila*-Versuche anzusetzen und bis zur $F_2$-Generation durchzuführen.

*Drosophila-Versuch VII.* sepiaäugig × stummelflügelig.

Dieser Versuch kann von verschiedenen Praktikanten in Form der beiden reziproken Kreuzungen durchgeführt werden; dagegen stelle man den folgenden Versuch nur in der Form an:

*Drosophila-Versuch VIII.* stummelflügelig ♀ × weißäugig ♂.

Statt dieser Kreuzung kann man auch die Kreuzung sepiaäugig × queraderlos, diese dann in ihren beiden reziproken Formen, durchführen.

*Auswertung.*

Da die Bezeichnungen unserer Stammkulturen nur die Mutanten-Charaktere nennen, nicht aber all die sonstigen in der betreffenden Kultur vorhandenen Gene, so müssen wir, um den Kreuzungstypus unserer beiden Versuche richtig zu verstehen, auch diejenigen normalen Charaktere, die sich in den für den Versuch benutzten Kulturen im Gegensatz zu dem Mutanten-Charakter der anderen benutzten Kultur finden, mit nennen. Unsere Versuche sind also folgendermaßen zu schreiben:

*Versuch VII.* Langflügelig-sepiaäugig × stummelflügelig-rotäugig.

*Versuch VIII.* rotäugig-stummelflügelig × weißäugig-langflügelig.

Wir haben es also mit zweimerkmaligen Kreuzungen zu tun, d. h. mit solchen Kreuzungen, in die jeweils *zwei* Merkmalspaare einbezogen sind. Die $F_1$-Individuen sind Dihybriden.

*Versuch VII.*

1. In der $F_2$-Generation treten sämtliche vier möglichen Kombinationen je eines Flügel- und eines Augencharakters auf und zwar in der Häufigkeit 9 : 3 : 3 : 1. Wir haben es also mit einem dimeren Erbgang zu tun.

2. Wir stellen ein Schachbrettschema auf und prüfen die Zahlen; vgl. S. 112.

3. Die $F_2$-Ergebnisse stimmen bei den beiden reziproken Kreuzungen völlig miteinander überein. Aus dieser Tatsache zusammen mit der unter 1. genannten läßt sich schließen, daß die beiden Gene *vg* und *se*

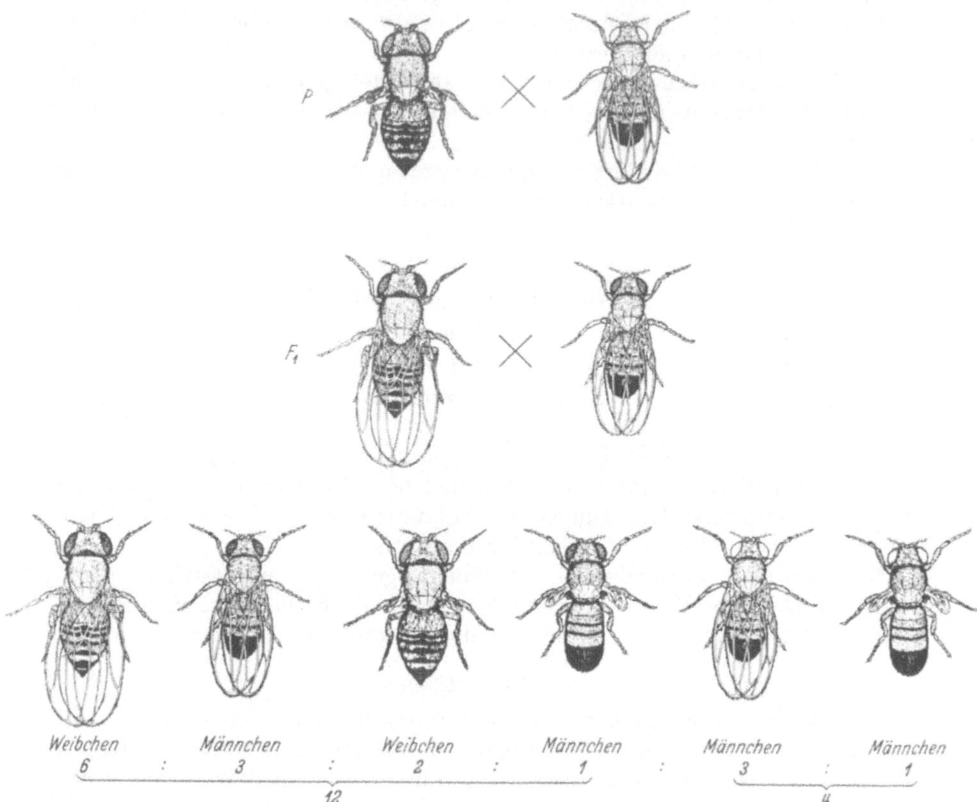



Abb. 53. Kreuzung eines stummelflügeligen Weibchens mit einem weißäugigen Männchen.

in verschiedenen Autosomen liegen müssen. Tatsächlich liegt *vg* im Punkte 67,0 des Chromosoms II und *se* im Punkte 26,1 des Chromosoms III.

### Versuch VIII.

1. Auch diesmal finden wir in der $F_2$-Generation eine Aufspaltung 9:3:3:1. Während sich indes in Versuch VII in jeder der vier $F_2$-Merkmalsgruppen Männchen und Weibchen zu gleichen Teilen finden, sind diesmal — vgl. Übung 15, S. 84 — alle weißäugigen Tiere männlichen Geschlechts. Es treten also weder weißäugig-langflügelige Weibchen noch weißäugig-stummelflügelige Weibchen auf. Demgegenüber findet sich unter den rotäugig-langflügeligen und unter den rotäugig-stummelflügeligen $F_2$-Fliegen eine doppelt so große Anzahl von Weib-

chen als von Männchen. Die Aufspaltungszahlen sind also, wenn man die Gesamtheit der $F_2$-Tiere nicht nur nach Merkmalskombinationen, sondern auch nach dem Geschlecht ordnet (Abb. 53):

> 6 rotäugig-langflügelig ♀♀
> 3 rotäugig-langflügelig ♂♂
> 2 rotäugig-stummelflügelig ♀♀
> 1 rotäugig-stummelflügelig ♂♂
> 3 weißäugig-langflügelig ♂♂
> 1 weißäugig-stummelflügelig ♂♂.

Entsprechend — aber in ganz anderem Verhältnis — abweichende Zahlen würde man erhalten, wenn man die $F_2$-Generation z. B. aus dem Versuch queraderlos ♀ × sepiaäugig ♂ durchzählt.

Diese Besonderheiten sind natürlicherweise nichts anderes als der Ausdruck dafür, daß der eine der beiden Charaktere autosomal, der andere geschlechtsgebunden vererbt wird.

2. Die beiden Versuche VII und VIII zusammengenommen beweisen also, daß die drei Gene $w$, $vg$ und $se$ jedes in einem anderen Chromosom lokalisiert sein müssen.

Übung 20.

### Analyse von Kreuzungsfällen. Fall 1.

*Material und Aufgabe.*

Bei der Kreuzung einer Pflanze mit elfenbeinfarbenen, normal bilateral-symmetrischen (zygomorphen) Blüten mit einer fünfstrahlig-radiären (aktinomorphen), rot blühenden Pflanze blüht die erste Nach-kommengeneration ($F_1$) einheitlich zygomorph; die Blütenfarbe ist blaßrot. Bei Selbstbefruchtung einer solchen Pflanze ergeben sich 234 Pflanzen ($F_2$) in folgenden Blütenform- und Blütenfarbkombinationen:

> 39 rote, normale Blüte,
> 15 rote, radiäre Blüte,
> 94 blaßrote, normale Blüte,
> 28 blaßrote, radiäre Blüte,
> 45 elfenbein, normale Blüte,
> 13 elfenbein, radiäre Blüte.

Der Erbgang von Blütenform und -farbe ist zu ermitteln und in einer Erbformel darzustellen. Die Zahlenverhält-nisse sind mittels des mittleren Fehlers $m$ zu prüfen.

Diese und die folgende Übung soll, während die Kreuzungsversuche mit *Drosophila* laufen, in die Methodik der Analyse etwas komplizierterer Kreuzungsergebnisse einführen. Zugleich soll die kritische Beurteilung von Mendel-Zahlen an Hand aus der Forschung stammenden Materials geübt werden. Das hierbei Gelernte erhöht das Verständnis unserer *Drosophila*-Ergebnisse.

### *Allgemeiner Gang der Analyse.*

Für die Analyse eines Kreuzungsfalles bestehen *zwei* methodisch wohl unterschiedene, wenn einander auch bei der praktischen Arbeit selbst überschneidende Wege:

*A.* Man geht — mindestens der Hauptsache nach — von der $F_1$-Generation aus, indem man sie mit der $P$-Generation in bezug auf die in die Untersuchung einbezogenen Merkmale vergleicht. Dadurch versucht man ein Urteil über Dominanz und Rezessivität usw. zu gewinnen, um daraufhin eine Formel für den Genotypus der $F_1$-Generation aufstellen zu können. Auf Grund dieser Erbformel vermag man anzugeben, welche Merkmalskombinationen in der $F_2$-Generation zu erwarten sein müssen, und in welcher Häufigkeit. Die Prüfung der $F_2$-Generation auf die Verwirklichung dieser theoretischen Erwartung bildet die Probe aufs Exempel.

Dieser erste Weg ist nicht immer gangbar; auch wo er gangbar ist, kann es vorteilhafter sein, den folgenden Weg zu gehen:

*B.* Man geht im wesentlichen von der $F_2$-Generation aus und zwar von den Individuenzahlen der verschiedenen Merkmalskombinationen. Mit deren Hilfe ermittelt man die voraussichtlich vorliegende Mendel-Proportion. Auf Grund dieser kann man die Zahl der beteiligten Gene und deren Dominanz- usw. Verhältnisse bestimmen. Die Richtigkeit dieser auf Grund der $F_2$-Ergebnisse gezogenen Schlüsse wird durch ihre Anwendung auf die $F_1$- und $P$-Generation geprüft.

Wir gehen im folgenden zunächst den ersteren Weg.

### *Methode A.*

*I. Prüfung der $F_1$-Generation.* Wir prüfen zuerst die $F_1$-Generation, um über Unterscheidbarkeit und Ununterscheidbarkeit von rein- und mischerbigen Individuen, also über eine eventuelle Dominanz von Merkmalen, Aufschluß zu bekommen. Die $F_1$-Bastarde sind blaßrot und zygomorph.

1. Aus der Kreuzung elfenbeinfarben × rot ist blaßrot entstanden; die $F_1$-Generation zeigt also in bezug auf die Blütenfarbe ein intermediäres Verhalten. Schreiben wir $R$ für das Gen Rot, $r$ für seinen allelen Partner, so wäre die Erbstruktur der blaßroten $F_1$-Pflanze $Rr$.

Damit ist zugleich die Erbkonstitution der beiden Elternpflanzen festgelegt: sie sind $RR$ und $rr$ zu schreiben.

2. Aus der Kreuzung normal × radiär sind lauter normale Blüten in $F_1$ entstanden. Ein Blick auf die $F_2$-Generation zeigt die dort wieder auftretende strahlige Blütenform. Die normale Blütenform (Zygomorphie) ist also dominant gegenüber der radiären Blütenform (Aktinomorphie). Wenn wir die Radiäranlage als $s$ (= strahlig), die normale als $S$ bezeichnen, so besitzt die $F_1$-Generation die Formel $Ss$.

Die elterliche radiäre Blüte ist als $ss$ zu schreiben. Die elterliche normale Blüte könnte an sich sowohl $SS$ wie $Ss$ sein; sie muß aber $SS$ sein, da, wenn sie $Ss$ wäre, die $F_1$-Nachkommenschaft nicht einheitlich normale Blüten zeigen könnte, sondern als Nachkommenschaft der Kreuzung $Ss \times ss$ zur Hälfte normal, zur Hälfte radiär blühende Individuen umfassen müßte, was nicht der Fall ist.

3. Ob die beiden Schlüsse über die Erbstruktur von $F_1$ richtig sind, muß die Prüfung von $F_2$ ergeben.

*II. Prüfung der $F_2$-Generation.* Man kann nun in doppelter Weise weiterarbeiten:

a) entweder indem man jedes Merkmalspaar gesondert auf sein Verhalten in der $F_2$-Generation prüft,

b) oder indem man, von der Gesamt-Erbformel der $F_1$-Pflanze ausgehend, die für die Merkmalskombinationen in $F_2$ zu erwartenden Zahlenverhältnisse berechnet und mit den empirischen Zahlen vergleicht.

*a) Jedes Merkmalspaar wird gesondert geprüft.*

1. In bezug auf die Blütenfarbe ist $F_1$ von der Struktur *Rr*. Bei Selbstbefruchtung gibt es also folgende Faktorenkombinationen:

$$1\ RR + 2\ Rr \qquad + 1\ rr,$$
1 rot + 2 blaßrot + 1 elfenbein.

In der $F_2$-Generation kommen in der Tat sowohl rote wie blaßrote und elfenbein Pflanzen vor, und ein Vergleich der dabei gefundenen Zahlen mit den theoretischen Zahlen

$$54\ \ \text{rot} + 122\ \ \text{blaßrot} + 58\ \ \text{elfenbein} = 234$$
$$58,5\ \text{rot} + 117,0\ \text{blaßrot} + 58,5\ \text{elfenbein} = 234$$

zeigt deutlich die hinreichende Übereinstimmung zwischen beiden.

2. In bezug auf die Blütenform besitzt $F_1$ die Struktur *Ss*. Für $F_2$ ist die Erwartung:

$$\underbrace{1\ SS + 2\ Ss}_{} + 1\ ss$$
$$3\ \text{normal} \quad + 1\ \text{radiär}.$$

Wir finden 178   normale + 56   radiäre unter 234 Blüten,
während 175,5 normale + 58,5 radiäre unter 234 Blüten

die theoretischen Zahlen sind. Die Übereinstimmung springt in die Augen.

*b) Die Merkmalskombinationen in $F_2$ werden auf ihre Zahlenverhältnisse geprüft.* Statt erst jedes Merkmal einzeln in $F_2$ zu untersuchen, bestimmen wir sogleich, welche Kombinationen von Blütenfarbe und Blütenform in $F_2$ auftreten müssen, und in welchen Zahlenverhältnissen, wenn die Strukturformel von $F_1$ *Rr Ss* heißen soll.

1. Es gibt in diesem Falle 16 verschiedene Befruchtungsmöglichkeiten, die man sich an Hand eines Schachbrettschemas klarmacht, das zu entwerfen der Anfänger keinesfalls versäumen darf.

Tabelle 20. Schachbrett-Schema.

$F_1$-Pflanze
*Rr Ss*
bildet

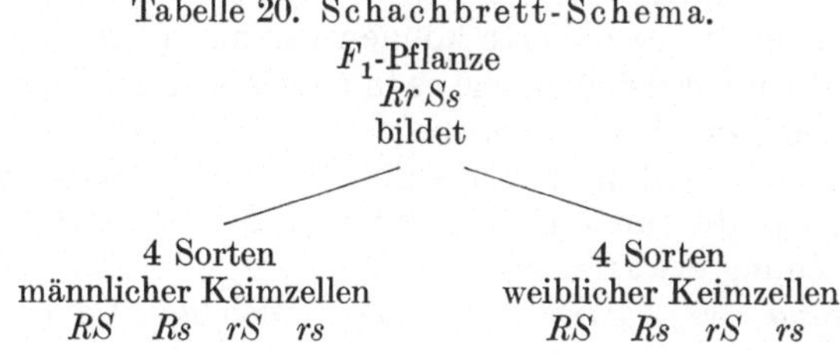

| 4 Sorten | 4 Sorten |
|---|---|
| männlicher Keimzellen | weiblicher Keimzellen |
| *RS   Rs   rS   rs* | *RS   Rs   rS   rs* |

Es gibt $4 \times 4 = 16$ Befruchtungsmöglichkeiten (unter ihnen stehend das Ergebnis):

|  | $RS$ | $rS$ | $Rs$ | $rs$ |
|---|---|---|---|---|
| $RS$ | $\dfrac{RS}{RS}$<br>rot normal | $\dfrac{rS}{RS}$<br>blaßrot normal | $\dfrac{Rs}{RS}$<br>rot normal | $\dfrac{rs}{RS}$<br>blaßrot normal |
| $rS$ | $\dfrac{RS}{rS}$<br>blaßrot normal | $\dfrac{rS}{rS}$<br>elfenbein normal | $\dfrac{Rs}{rS}$<br>blaßrot normal | $\dfrac{rs}{rS}$<br>elfenbein normal |
| $Rs$ | $\dfrac{RS}{Rs}$<br>rot normal | $\dfrac{rS}{Rs}$<br>blaßrot normal | $\dfrac{Rs}{Rs}$<br>rot radiär | $\dfrac{rs}{Rs}$<br>blaßrot radiär |
| $rs$ | $\dfrac{RS}{rs}$<br>blaßrot normal | $\dfrac{rS}{rs}$<br>elfenbein normal | $\dfrac{Rs}{rs}$<br>blaßrot radiär | $\dfrac{rs}{rs}$<br>elfenbein radiär |

Es sind somit in der $F_2$-Generation die folgenden Merkmalskombinationen in den folgenden Häufigkeiten zu erwarten:

$$\text{unter 16 Pflanzen} \begin{cases} 3 \text{ rot normal} \\ 1 \text{ rot radiär} \\ 6 \text{ blaßrot normal} \\ 2 \text{ blaßrot radiär} \\ 3 \text{ elfenbein normal} \\ 1 \text{ elfenbein radiär} \end{cases}$$

Das tatsächliche Vorhandensein dieser sechs Phänotypen in dem angegebenen Zahlenverhältnis müssen wir nun also für unsere 234 $F_2$-Pflanzen aufzeigen, um unsere Erbformel für $F_1$ als richtig erweisen zu können.

2. Wir rechnen — nach der S. 95 unter Anmerkung 1 angegebenen Methode — die theoretischen Zahlen für $n = 234$ um. Wenn auf 16 Individuen 3 rote zygomorphe Pflanzen kommen sollen, dann müssen auf 234 Individuen $3 \cdot \dfrac{234}{16}$ rote zygomorphe Pflanzen kommen, entsprechend weiterhin $1 \cdot \dfrac{234}{16}$ rote radiäre, $6 \cdot \dfrac{234}{16}$ blaßrote zygomorphe usw. Wir haben also den Quotienten $\dfrac{234}{16} = 14{,}625$ mit den einzelnen Zahlen 39, 15 usw. zu multiplizieren, um die theoretischen Zahlen für unsere 234 Pflanzen zu erhalten.

3. Diese theoretischen Werte können wir nun direkt mit den empirischen $F_2$-Zahlen vergleichen, wie es in nachstehender Tab. 21 geschieht.

Der Vergleich der beiden nebeneinanderstehenden Zahlenreihen läßt in Zeile 2, 4, 5 und 6 ohne weiteres die sehr gute Annäherung der empirischen Zahlen an die theoretischen Werte erkennen; nur in Zeile 1 und 3 ist die Abweichung etwas größer.

*III. Prüfung der Zahlen mittels m.* Gleichgültig, ob wir bei der

Prüfung der $F_1$-Formel an $F_2$ den Weg $a$ oder $b$ gegangen sind, auf jeden Fall müssen die den Schlüssen zugrunde liegenden Zahlen mittels $m$ geprüft werden.

Tab. 21.

| Umrechnungs-<br>zahl | Theoret.<br>Zahlen | Empirische<br>Zahlen | Merkmalsklasse |
|---|---|---|---|
| $14{,}625 \cdot 3 =$ $43{,}875$ | | 39 | rot normal |
| $\cdot\ 1 =$ $14{,}625$ | | 15 | rot radiär |
| $\cdot\ 6 =$ $87{,}750$ | | 94 | blaßrot normal |
| $\cdot\ 2 =$ $29{,}250$ | | 28 | blaßrot radiär |
| $\cdot\ 3 =$ $43{,}875$ | | 45 | elfenbein normal |
| $\cdot\ 1 =$ $14{,}625$ | | 13 | elfenbein radiär |
| Gesamtzahl $n = 234{,}000$ | | 234 | |

Wenn wir dies für die in Tab. 21 gegebenen Zahlen tun wollen, so können wir von den verschiedenen Prüfungsmöglichkeiten der Tab. 14 S. 94 etwa die Formel I 1 wählen, d.h., von $p_0$ und $p_1$ ausgehend, den mittleren Fehler $m = \pm \sqrt{\dfrac{p_0 \cdot p_1}{n}}$ berechnen. Als $p_0$ hat dabei nacheinander die Individuenzahl *einer jeden* der sechs Gruppen zu gelten, als $p_1$ der jeweilige *Rest* der *Gesamt*individuenzahl.

Wir setzen also zunächst $p_0 = 39$ und $p_1 = 234 - 39 = 195$.

Danach setzen wir $\qquad p_0 = 15, \qquad p_1 = 234 - 15 = 219$ usw.

Wir haben also zu prüfen:

Wie verhält sich die Differenz zwischen der theoretischen Zahl 43,875 und der empirischen Zahl 39 zum mittleren Fehler von 39, also zu

$$m = \pm \sqrt{\frac{39 \cdot 195}{234}}\ ?$$

Wie verhält sich die Differenz zwischen 87,750 und 94 zu

$$m = \pm \sqrt{\frac{94 \cdot 140}{234}}\ ? \quad \text{usw.}$$

*Zusammenfassung.* Der Gang der von uns nach Methode $A$ durchgeführten Analyse war, um ihn nochmals kurz zu wiederholen, der folgende:

1. Prüfung der $F_1$-Generation auf Dominanz usw. der in Frage kommenden Erbanlagen;

2. Prüfung der $F_2$-Generation auf die Aufspaltungszahlen,

    entweder  a) für jedes Merkmal getrennt,

    oder      b) für sämtliche Merkmale zugleich;

3. Prüfung der Übereinstimmung zwischen gefundenen und theoretischen Zahlen mittels $m$.

Methode B.

Wir hätten zur Analyse unseres Versuchsmaterials aber auch den beinahe umgekehrten Weg gehen können. Dieser zweite Weg (Methode $B$) wäre von den für $F_2$ gefundenen Zahlen ausgegangen, um zu prüfen, welchen theoretischen Mendel-Zahlen die empirischen Zahlen am nächsten liegen. Für die $F_1$-Generation hätten wir uns mit der Feststellung begnügt, daß sie von einheitlicher Gestaltung ist — alle Pflanzen zygomorph und blaßrot —; dann hätten wir uns sofort der $F_2$-Generation zugewandt und gefragt:

1. Wieviele Gruppen äußerlich (phänisch) gleichartiger Pflanzen treten in der $F_2$-Generation auf? Da wir es in unserem Falle mit *mehr als drei* Merkmalsgruppen zu tun haben, so kann es sich nicht um Monohybridität in $F_1$ handeln, weil dann in $F_2$ entweder *zwei* oder *drei* Merkmalsgruppen (im Verhältnis 3:1 bzw. 1:2:1; vgl. Abb. 54) vorhanden sind. Es muß also zum mindesten eine dihybride Aufspaltung vorliegen.

2. Um zu prüfen, ob ein dihybrider oder ein noch höherer Aufspaltungsgrad für unser Material gilt, vergleichen wir die empirischen $F_2$-Zahlen mit den in Frage kommenden theoretischen Mendel-Zahlen.

Die theoretischen Vergleichszahlen erhält man auf dem Wege über die Umrechnungszahl. Rechnen wir mit den üblichen Mendel-Proportionen 3:1, 9:3:3:1 usw., so ist die Umrechnungszahl $\frac{n}{K}$, wobei $K$ die Bezugszahl ist, für die die Proportionen 3:1 usw. gelten, also $K = 4$ bei Monohybridität, $K = 16$ bei Dihybridität usw.

Im vorliegenden Falle, wo wir $n = 234$ $F_2$-Pflanzen haben und zunächst mit der Annahme einer dihybriden Aufspaltung weiterarbeiten wollen, ist also die Umrechnungszahl (vgl. S. 112)

$$\frac{n}{K} = \frac{234}{16} = 14{,}625 \; .$$

Nunmehr können wir prüfen, ob die empirischen $F_2$-Zahlen Vielfache der Umrechnungszahl $\frac{n}{K}$ sind.

Durch die Division

$$
\begin{aligned}
&39 \text{ rot zygomorph} : 14{,}625 = 2{,}67\\
&15 \text{ rot radiär} \quad\;\; : 14{,}625 = 1{,}03 \text{ usw.}
\end{aligned}
$$

ermitteln wir, daß wir es mit dem Fall 3:6:3:1:2:1 zu tun haben.

3. Lesen wir diese Zahlenreihe, die wir auch

$$
\begin{aligned}
&3:6:3\\
&1:2:1
\end{aligned}
$$

schreiben können, von links nach rechts, so erkennen wir die Mendel-Proportion *1 : 2 : 1* bzw. $3 \times (1:2:1) = 3:6:3$; lesen wir sie von oben nach unten, so erkennen wir die Proportion *3 : 1* bzw. $2 \times (3:1) = 6:2$. Aus der Gesamt-$F_2$-Zahlenreihe ergibt sich also, daß ein Dihybridenfall (vgl. Abb. 54 Dihybridität II) vorliegt, und zwar muß das eine Allelen-Paar nach dem Typus 1:2:1 aufspalten, also in $F_1$ einen intermediären Typus ergeben, das andere nach dem Typus 3:1, also in $F_1$ Dominanz des einen Merkmals zeigen. Aus den Zahlenverhältnissen in $F_2$ schließen wir also *rückwärts* auf die Zahl der beteiligten Allelen-Paare und auf ihre Dominanz- usw. Verhältnisse.

4. Die Richtigkeit unserer Schlußfolgerungen prüfen wir nunmehr an der $F_1$-Generation nach. Tatsächlich finden wir hier ein intermediäres Merkmal — blaßrot zwischen rot und elfenbein — und ein dominantes — zygomorph —. Die $F_1$-Formel muß somit $RrSs$ lauten, woraus sich wiederum die Formeln für die $P$-Generation ergeben.

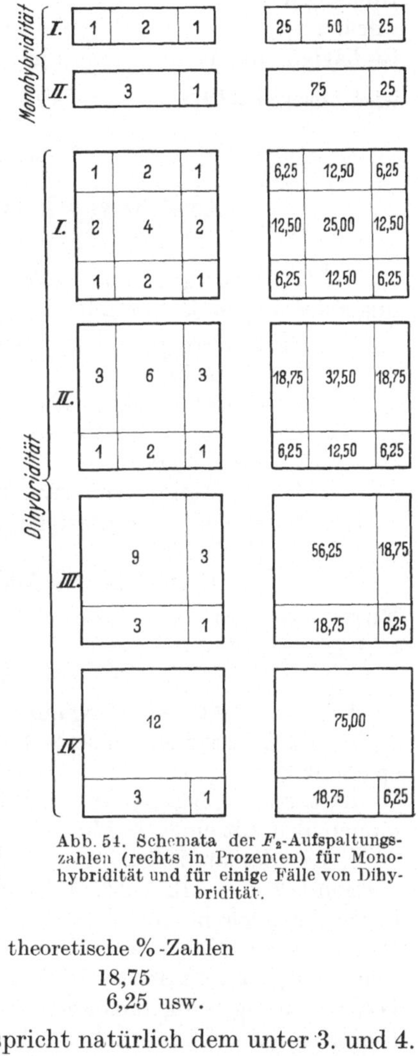

5. Wollen wir bei der Errechnung der theoretischen Vergleichszahlen *ohne* eine bestimmte theoretische Annahme — nämlich die Annahme einer Dihybridität — arbeiten, so müssen wir unsere $F_2$-Zahlen in Prozente umrechnen, d. h. mit der Umrechnungszahl $\frac{100}{n}$ multiplizieren. Die so ermittelten prozentualen Häufigkeiten der einzelnen $F_2$-Merkmalsklassen, also im vorliegenden Falle die Zahlen

$$39 \cdot \frac{100}{234} = 16,67\%$$

$$15 \cdot \frac{100}{234} = 6,41\% \text{ usw.,}$$

vergleichen wir wiederum mit den verschiedenen Möglichkeiten prozentualer theoretischer Mendel-Zahlen. Im vorliegenden Falle stoßen wir dabei auf die Zahlenreihe (vgl. Abb. 54, Dihybridität II)

Abb. 54. Schemata der $F_2$-Aufspaltungszahlen (rechts in Prozenten) für Monohybridität und für einige Fälle von Dihybridität.

| gefundene %-Zahlen | theoretische %-Zahlen |
|---|---|
| 16,67 | 18,75 |
| 6,41 | 6,25 usw. |

Der Gang der weiteren Analyse entspricht natürlich dem unter 3. und 4. Gesagten.

6. Den Abschluß des Ganzen bildet wiederum die Zahlenprüfung mittels $m$ (vgl. Tab. 14 S. 94).

*Zusammenfassung.* Die Analyse nach Methode $B$ geht also folgenden Weg:

1. Prüfung der $F_2$-Zahlen auf den Aufspaltungstypus, der bei mehr als drei Phänotypen in $F_2$ mindestens ein Dihybriditätsfall ist;

2. Prüfung von $F_1$ und $P$;

3. Zahlenprüfung mittels $m$.

8*

*Schlußbemerkung.* Wir haben im vorstehenden die beteiligten Gene als $R$, $r$, $S$ und $s$ bezeichnet. Die Pflanze, auf die sich der analysierte Fall bezieht, ist das Löwenmaul (*Antirrhinum*), und in der Gen-Nomenklatur, wie sie von BAUR und seinen Mitarbeitern 1930 eingeführt worden ist, heißt das Elfenbein-Gen *inc* (= incolorata), das Gen für Radiärblütenform *rad* (= radialis). In der neueren *Antirrhinum*-Literatur wird unsere $F_1$-Pflanze also als *Inc inc Rad rad* oder als $\dfrac{+\;rad}{inc\;+}$ bezeichnet.

## Übung 21.
## Analyse von Kreuzungsfällen. Fall 2.
### *Material und Aufgabe.*

Bei Kreuzungen von Mäusen wurden in drei Versuchsreihen die folgenden Ergebnisse erzielt:

  I. *P*: Einfarbige $\times$ Schecken,
   $F_1$: Einfarbige,
   $F_2$: 330 Einfarbige : 124 Schecken.
  II. *P*: Schecken $\times$ Albinos,
   $F_1$: Einfarbige,
   $F_2$: 259 Einfarbige : 125 Albinos : 90 Schecken.
  III. *P*: Albinos $\times$ Einfarbige,
   $F_1$: Einfarbige,
   $F_2$: 163 Einfarbige : 69 Albinos : 53 Schecken.

Für diese drei Kreuzungen sind die Erbformeln zu ermitteln.

### *Analyse.*

*Kreuzung I* läßt den Erbgang sofort überschauen. Die Zahlenprüfung ergibt die Zulässigkeit unseres Schlusses auf das Vorliegen einer Aufspaltung 3:1.

*Kreuzung II* bearbeiten wir mittels der Methode B (vgl. S. 113), beginnen also mit einer *Analyse der Aufspaltungszahlen in $F_2$.*

1. Die Zahlen 125:259:90 sehen für den flüchtigen Blick der Proportion $1:2:1 = 113,5:237:113,5$ angenähert aus; auch fehlertheoretisch liegen sie noch in den zulässigen Abweichungsgrenzen (vgl. Tab. 22). Wenn also der Schecke die Formel $AA$, der Albino $aa$ besäße, so ließe sich von $F_1$-Mäusen $Aa$ aus die Aufspaltung in $1:2:1$ zahlenmäßig deuten. Diese Deutung bringt uns aber — abgesehen davon, daß der Charakter Einfarbig als zwischen Scheckigkeit und Albinismus intermediär kaum verständlich wäre — in Widerspruch zu unserer Darstellung des Falles I; eine von beiden Auffassungen muß also falsch sein.

Am nächsten liegt da der Gedanke, die Zahlen 259:125:90 stellten etwas anderes als eine monohybride Aufspaltung dar. Die nächste Möglichkeit ist dann die einer Dihybridität. Prüfen wir die Zahlen mittels der Umrechnungszahl (vgl. Tab. 14 S. 94—95), so ergibt sich eine deutliche Annäherung an die Proportion 9:4:3.

2. Auch wenn uns die beiden gegen die $1:2:1$-Auffassung sprechenden Gründe nicht zur Verfügung ständen, würden wir versuchen können,

zwischen den beiden Möglichkeiten $1:2:1$ und $9:3:4$ eine Entscheidung herbeizuführen, und zwar auf zahlenmäßigem Wege, indem wir die empirischen Zahlen den theoretischen Zahlen sowohl der einen wie der anderen Aufspaltungsreihe zum Vergleich gegenüberstellten.

|  | Einfarbige | Albinos | Schecken | $n$ |
|---|---|---|---|---|
| Theoretische Zahlen bei Aufspaltung 2:1:1 . . . . . . . . . . . . . | 237 | 113,5 | 113,5 | 474 |
| Empirische Zahlen . . . . . . . . | 259,0 | 125,0 | 90,0 | 474 |
| Theoretische Zahlen bei Aufspaltung 9:4:3 . . . . . . . . . . . . . | 266,6 | 118,5 | 88,9 | 474 |

Dabei springt die bessere Übereinstimmung der empirischen Zahlen mit den theoretischen Zahlen der Proportion $9:4:3$ noch deutlicher ins Auge, wenn man die Abweichungen der empirischen von den beiderlei theoretischen Zahlen mittels des mittleren Fehlers prüft. Es liegen nämlich (Tab. 22) die empirischen Abweichungen $D$ zwar auch beim Vergleich mit den theoretischen $1:2:1$-Zahlen, wie schon gesagt, innerhalb der Fehlergrenzen, jeder einzelne $\frac{D}{m}$-Wert und demgemäß auch die Gesamtheit der drei $\frac{D}{m}$-Werte ist aber dabei wesentlich größer, als wenn die theoretischen $9:4:3$-Zahlen als Vergleichsgrundlage dienen. Dies spricht deutlich für die viel größere Wahrscheinlichkeit der $9:4:3$-Deutung unserer Zahlen (vgl. auch Tab. 19 S. 104).

Bei der experimentellen Arbeit selbst würden natürlicherweise nicht derartige Überlegungen, sondern weitere Experimente die entscheidende Rolle spielen. Die Aufzucht

Tab. 22.

| Nr. | Empirischer Wert | $\frac{D}{m}$ bei Vergleich mit | |
|---|---|---|---|
|  |  | $2:1:1$ | $9:4:3$ |
| 1 | 259 | 2,030 | 0,704 |
| 2 | 125 | 1,199 | 0,678 |
| 3 | 90 | 2,752 | 0,132 |
| $\sum \frac{D}{m}$ |  | 5,981 | 1,514 |

einer $F_3$-Generation würde ja sofort eine klare Entscheidung bringen.

3. Das Spaltungsverhältnis $9:3:4$ bedeutet: Die $F_1$-Generation besteht aus dihybriden Bastarden $Aa\,Bb$, von deren dominanten Genen $A$ und $B$ sich das eine ($A$) auch für sich allein, das zweite ($B$) nur in Gegenwart des anderen ($A$) zu manifestieren vermag. Ein Individuum, das kein $A$, sondern nur $B$ besitzt — also ein $aa\,BB$ oder $aa\,Bb$ — ist also phänisch ununterscheidbar von einem Individuum, das weder $A$ noch $B$ besitzt, also von einem $aabb$-Tier. So wird aus der Dihybriden-Proportion $9:3:3:1$ die Proportion $9:3:4$.

Im vorliegenden Falle besitzen also die unter 16 Tieren auftretenden vier Albinos entweder ($aabb$) keins der beiden dominanten Gene oder, in drei Fällen, nur das eine ($B$) in homozygotem oder heterozygotem Zustande. Die Schecken führen in den drei unter 16 Fällen ihres Auftretens nur das andere dominante Gen ($A$); die Einfarbigen schließlich haben beide dominanten Gene $A$ und $B$ zusammen.

4. Die vier Albinos sind somit den 3 Schecken $+$ 9 Einfarbigen

= 12 Nichtalbinos gegenüber durch den Nichtbesitz von $A$ charakterisiert. Diesem Nichtbesitz entspricht phänisch das Fehlen der Haarfarbe. Das rezessive Gen $a$ ist demnach ein Gen, das einen **Ausfall der Pigmentbildung** bedingt, das dominante Gen $A$ ein **Pigmentbildungsfaktor**.

Die drei Schecken unterscheiden sich von den neun Einfarbigen genisch durch den Nichtbesitz von $B$, phänisch durch die nicht gleichmäßige Verteilung der Haarfarbe über den Körper. Das Gen $b$ ist also ein Faktor, der **ungleichmäßige Pigmentverteilung** bedingt, das Gen $B$ ein solcher für **gleichmäßigere Pigmentierung**.

Neun Mäuse unter 16 haben sowohl den Faktor für Pigmentbildung wie auch den für gleichmäßige Pigmentverteilung, jeden wenigstens einmal; diese neun Mäuse sind einfarbig. Ferner besitzen drei Tiere zwar den Pigmentbildungsfaktor, dagegen nicht den für gleichmäßige Verteilung; das sind die drei Schecken. Die übrigen vier Tiere haben keine Möglichkeit, Pigment zu bilden. Sie sind Albinos, ob sie nun ein Gen für gleichmäßige oder für ungleichmäßige Farbverteilung besitzen; denn ein Pigment, das gar nicht vorhanden ist, kann auch nicht irgendwie verteilt werden.

5. Es ist zweckmäßig, sich klarzumachen, daß **jedes der Merkmalspaare, getrennt betrachtet, in $F_2$ Aufspaltung nach dem Typus 3:1 zeigt.** Wir finden nämlich a) 12 Farbige : 4 Albinos unter 16 Tieren, b) 9 Einfarbige : 3 Schecken unter den 12 farbigen Tieren.

6. *Prüfung der $F_1$-Generation.* Alle Tiere sind einfarbig, was sie als $AaBb$ ja auch sein müssen.

7. *Formeln der P-Generation.* Von den Elterntieren muß der Schecke $A$ besitzen, sonst wäre er ein Albino; er darf aber $B$ nicht besitzen, sonst wäre er einfarbig. Er muß also, Reinerbigkeit vorausgesetzt, $AAbb$ sein. Der albinotische Elter darf $A$ nicht besitzen, sonst wäre er pigmentiert; dagegen bedeutet der Besitz oder Nichtbesitz von $B$ phänisch für ihn nichts. Da nun aber die $F_1$-Maus $B$ besitzt, dieses $B$ jedoch von der scheckigen elterlichen Maus nicht erhalten haben kann, so muß die albinotische $P$-Maus, wieder Reinerbigkeit vorausgesetzt, $aaBB$ sein. Aus der Kreuzung $AAbb \times aaBB$ entstehen in der Tat als $F_1$ lauter einfarbige $AaBb$-Mäuse.

Nur die Voraussetzung der Reinerbigkeit der $P$-Tiere bleibt noch zu untersuchen. Sie ist in unserer — hier ja rein gedanklichen — Analyse wiederum nur durch schrittweise Ausschaltung der anderen Möglichkeiten zu beweisen. Wären etwa die $P$-Schecken oder auch nur ein Teil von ihnen $Aabb$, so müßten bei deren Kreuzung mit $aaBB$ neben einfarbigen Mäusen in $F_1$ auch Albinos auftreten; wären andererseits die Schecken homozygot, aber die $P$-Albinos $aaBb$, so müßten in $F_1$ außer den einfarbigen Tieren auch Schecken vorkommen. Es sind aber in $F_1$ nur Einfarbige vorhanden; also sind die $P$-Tiere homozygot.

*Kreuzung III.* Die Durchführung der Analyse brauchen wir nicht mehr im einzelnen zu besprechen. Die $F_1$- und $F_2$-Generation zeigen genau die gleichen Verhältnisse wie beim Kreuzungsfall II. Die $P$-Tiere erweisen sich aber diesmal als $aabb$ und $AABB$. Zwischen empirischen und theoretischen Zahlen besteht eine sehr eindrucksvolle Übereinstimmung (vgl. Tab. 19 S. 104).

*Zusatz zur Kreuzungsanalyse I.* Die Analyse des Falles I hatte zur Aufstellung der Formeln für eine monohybride Kreuzung geführt:

$$\text{Einfarbig} = BB.$$
$$\text{Scheckig} = bb.$$

Auf Grund der Analysen II bzw. III können wir nunmehr auch den Faktor $A$ noch in die Formeln des Falles I aufnehmen, also die $P$-Tiere $AABB$ und $AAbb$, die $F_1$-Tiere $AABb$ schreiben.

Wir sehen, daß die ursprünglich von uns aufgestellte Formel insofern unvollständig war, als ein bei sämtlichen Tieren homozygot vorhandenes Gen ($AA$) in ihr fehlte. Im Kreuzungsversuch analysiert man eben nicht die Vererbung sämtlicher Gene, sondern nur die Vererbung unterschiedlicher Gene. Erst die Unterschiedlichkeit zwischen Allelen macht diese der mendelistischen Analyse zugänglich. Eine Erbformel kann daher immer nur einen kleinen Teil der tatsächlich an den betreffenden Merkmalsausbildungsvorgängen beteiligten Gene nennen.

*Schlußbemerkung.* Wir haben im vorstehenden absichtlich mit indifferenten Gen-Bezeichnungen gearbeitet. In der Literatur heißt unser als $a$ bezeichnetes Gen $c$ (color), unser als $b$ bezeichnetes Gen $s$ (spotting).

Übung 22.

## Analyse von Kreuzungsfällen. Fall 3.

*Material und Aufgabe.*

Die folgende Kreuzungsanalyse ist durchzuführen:

Von zwei Seidenspinnerrassen ausgehend, einer japanischen mit weißen und einer siamesischen mit gestreiften Raupen, hatte die Kreuzung japanisches Weibchen × siamesisches Männchen in zwei unter sieben Fällen das Ergebnis, daß lauter gestreifte Raupen entstanden; das gleiche Resultat ergab die Kreuzung siamesisches Weibchen × japanisches Männchen in zwei unter drei Fällen. Jeweils von dem ersten dieser Fälle aus wurde die Weiterzucht durchgeführt. Im ersten Falle ergaben 9 $F_1$-Pärchen in $F_2$ insgesamt 1463 gestreifte, 363 gewöhnliche weiße und 126 blasse Raupen, im zweiten Falle 5 $F_1$-Pärchen in $F_2$ zusammen 903 gestreifte, 234 weiße und 76 blasse Raupen. In den 14 Einzelkreuzungen traten stets alle drei Sorten von Raupen auf.

*Analyse.*

1. Wir erkennen leicht, daß ein Monohybriden-Fall nicht vorliegt. Zur Prüfung der Frage, ob wir Dihybriditäts-Zahlen vor uns haben, errechnen wir für die erste Serie von Kreuzungen $\frac{n}{K} = \frac{1952}{16} = 122$ und prüfen, ob unsere $F_2$-Zahlen Vielfache dieser Umrechnungszahl sind. Dabei ergibt sich die unmittelbar überzeugende Übereinstimmung:

| tatsächliche Zahlen | theoretische Zahlen | auf 16 bezogen |
|:---:|:---:|:---:|
| 1463 | 1464 | 12 |
| 363 | 366 | 3 |
| 126 | 122 | 1 |

Auch ohne jede Zahlenprüfung mittels $m$ liegt das Verhältnis $12:3:1$ klar zutage.

2. Dieses Verhältnis kann aus $9:3:3:1$ nur so entstehen (vgl. Schema IV S. 115), daß die 9 Individuen mit den beiden dominanten Genen $S$ und $W$ (in mindestens je einmaligem Vorhandensein) und die 3 Individuen mit nur dem einen dominanten Gen $S$ (in einfachem oder doppeltem Vorhandensein) phänisch ununterscheidbar sind: das sind die Gestreiften. Die 3 weißen Individuen besitzen sämtlich nur das andere der beiden dominanten Gene, sind also entweder mit $WW$ oder mit $Ww$ ausgestattet; aber sie sind stets $ss$. Fehlt sowohl $S$ wie $W$ vollständig, so erhalten wir, 1 mal unter 16 Individuen, die blassen $ssww$-Raupen.

3. Das Gen $W$ vermag, wie die gestreiften Raupen zeigen, bei gleichzeitigem Vorhandensein von $S$ keine Wirkung auszuüben; das dominante $S$ verhindert das zu einem anderen Genpaar gehörige, ebenfalls dominante $W$ an seiner Manifestation, selbst wenn $S$ nur einmal, $W$ aber zweimal im Erbgut vorhanden ist. Man sagt: $S$ ist epistatisch über $W$, das hypostatische Gen.

4. Prüfen wir nun $F_1$- und $P$-Generation, so ist die $F_1$-Formel $SsWw$ in Übereinstimmung mit dem Phänotypus „gestreift" dieser Raupen. Dem weißlarvigen $P$-Elter muß $S$ fehlen; er muß also $ssWW$ sein, wenn er homozygot ist. Der andere $P$-Elter ist bei Homozygotie $SSww$. Homozygot anderseits müssen beide Eltern sein, wenn in $F_1$ gestreifte Tiere entstehen sollen, die in $F_2$ sämtlich, wie unsere 9 Fälle es zeigen, in $12:3:1$ aufspalten.

5. Die gleichen Aufspaltungsverhältnisse finden wir auch bei der Analyse der reziproken Kreuzung. Es handelt sich also auch hier wieder um autosomale Gene.

## Anhang zu Übung 22.

### Tabellarische Übersicht für die Analyse von Kreuzungsergebnissen in $F_2$.

Das Ergebnis einer Kreuzung zweier $F_1$-Individuen kann, wie auch aus unseren Übungen 20—22 deutlich geworden ist, ein höchst verschiedenartiges sein. Eine Übersicht über die Hauptmöglichkeiten, die als Ergebnis einer Kreuzung zweier Heterozygoten — bzw. einer Selbstbefruchtung eines Heterozygoten — gefunden werden können, vermag sich daher bei der Einarbeitung in die Analyse solcher $F_2$-Ergebnisse als nützlich zu erweisen. Eine solche Übersicht nach Art einer „Bestimmungstabelle" gibt die Tab. S. 122—123. In ihr sind die beiden S. 110 gekennzeichneten methodischen Wege, die sich, wie dort bereits hervorgehoben, in der praktischen Arbeit zumeist überschneiden, miteinander kombiniert. Weiterhin sei bemerkt:

1. Vollständigkeit ist in der Tabelle nicht angestrebt. Andernfalls wäre das Bild eher verwirrend. Es sind aber alle Hauptfälle in die Tabelle hineingearbeitet.

2. Der Übersichtlichkeit wegen ist auch die Unterteilung nicht sehr weit getrieben. Beispielsweise wird die Verteilung der einzelnen Merkmale auf die beiden Individuen der Ausgangsgeneration ($P$-Generation)

erst bei der Unterteilung der $F_2$-Gruppen berücksichtigt, während man bei der Bearbeitung eines Kreuzungsfalles ja bereits die $F_1$-Individuen auf das Auftreten der Eigenschaften der $P$-Generation hin prüfen wird.

3. Die Tabelle stellt also nicht etwa eine Bestimmungstabelle im eigentlichen Sinne dar, aus welcher man einfach schematisch den im Einzelfalle vorliegenden Kreuzungsfall ablesen soll, sondern nur ein Hilfsmittel für die erste Orientierung.

*Benutzung der Tabelle.* Wenn wir beispielsweise den Versuch II der Übung 21 (S. 116) an Hand der Tabelle analysieren wollen, so stoßen wir zunächst auf

**III:** $F_1$-Generation phänotypisch einheitlich (einfarbig),
danach auf

    **A:** $F_1$-Merkmal ist ein Kreuzungsnovum (keines der $P$-Tiere zeigt das Merkmal Einfarbigkeit),
danach auf

    **2:** In $F_2$ drei Phänotypen (Einfarbige, Schecken, Albinos).

Dies kann, wie die Tabelle angibt, entweder das Zahlenverhältnis

**a)** $1:2:1$

oder          **b)** $9:3:4$

bedeuten. Zwischen diesen beiden Möglichkeiten haben wir — entsprechend den in Übung 21 angestellten Überlegungen — zu entscheiden.

*Einige Beispiele und Erläuterungen zu der Übersichtstabelle.*

1. $A$ und $B$ sind Gene, deren Zusammenarbeit Pigmentierung ergibt. Die Kreuzung farbig $\times$ weiß ($AABB \times aabb$) verläuft nach folgendem Schema:

$$P \qquad \underbrace{\begin{array}{ccc} \text{farbig} & & \text{weiß} \\ AABB & \times & aabb \end{array}}$$

$$F_1 \qquad \begin{array}{c} \text{farbig} \\ AaBb \end{array}$$

$$9\,AB \quad : \quad 3\,Ab \quad : \quad \underbrace{3\,aB \quad : \quad 1\,ab}$$

$$F_2 \quad 9\,\text{farbig} \qquad : \qquad 7\,\text{weiß}.$$

In $F_1$ wird Dominanz vorgetäuscht, aber das Zahlenverhältnis in $F_2$ widerlegt dies.

2. Monomerie und hochgradige Koppelung sind nicht leicht unterscheidbar, wenn man $F_1 \times F_1$-Kreuzungen — nicht Rückkreuzungen — untersucht. So läßt die Kreuzung eines phänisch normalen heterozygoten *Drosophila*-$F_1$-Weibchens (aus der Kreuzung normales ♀ $\times$ gelbflügelig-weißäugiges ♂) mit einem männlichen $F_1$-Geschwister, also die Kreuzung

$$\frac{+^y\ +^w}{y\ \ w} \times \frac{+^y\ +^w}{}$$

erst unter 265 Individuen 1 grauflügelig-weißäugiges und 1 gelbflügelig-rotäugiges Austauschtier (beides Männchen, da $y$ und $w$ geschlechtsgebundene Gene sind) erwarten; denn die weiblichen Gameten werden in den Häufigkeiten

$$\text{Koppelungsklassen} \left\{ \begin{array}{l} +^y\ +^w \ \ldots \ldots \ 49{,}25\% \\ y\ \ \ w\ \ \ldots \ldots \ 49{,}25\% \end{array} \right.$$

$$\text{Austauschklassen} \left\{ \begin{array}{l} +^y\ w \ \ \ldots \ldots \ 0{,}75\% \\ y\ \ +^w \ \ldots \ldots \ 0{,}75\% \end{array} \right.$$

gebildet, und nur diejenigen der in so geringer Zahl gebildeten Austauschgameten,

Tabellarische Übersicht für die Analyse

I. In $F_1$ sind *eine Reihe verschiedener Phänotypen* vorhanden:

   A. Es handelt sich um rein umweltbedingte Modifikationen; Entscheidung durch Aufzucht unter konstanten Bedingungen.

   B. Einer oder beide Eltern tragen bereits Bastardcharakter.

II. In $F_1$ sind *zwei verschiedene Phänotypen* vorhanden.

   A. In jedem der beiden Phänotypen finden sich beide Geschlechter: Einer der Eltern trägt Bastardcharakter, es liegt also Rückkreuzung vor.

   B. Die beiden Phänotypen sind nach Geschlechtern verschieden:

      1. In $P$ und in $F_2$ sind die gleichen Merkmale an die gleichen Geschlechter gebunden: Geschlechtskontrollierte (= geschlechtsbegrenzte) Vererbung.

      2. In $P$ und $F_2$ sind auch andere Kombinationen zwischen den Merkmalen und den Geschlechtern möglich: Geschlechtsgebundenheit.

III. Die $F_1$-Generation ist *phänotypisch einheitlich* (die hierher gehörenden Untergruppen A, B und C können im Einzelfalle sowohl für eine wie für mehrere Eigenschaften gelten; falls mehrere Merkmalspaare im Spiele sind, kann das eine Merkmalspaar in die Gruppe B, das andere in C gehören usw.):

   A. Das $F_1$-Merkmal ist ein *Kreuzungsnovum*, das also weder beim einen noch beim anderen der $P$-Kreuzungspartner vorhanden ist:

      1. In $F_2$ *zwei* Phänotypen, die

         a) etwa gleich stark vertreten sind: Dimerie mit Aufspaltung 9:7,

         b) deutlich verschieden stark vertreten sind: Dimerie mit Aufspaltung 13:3.

      2. In $F_2$ *drei* Phänotypen; die Entscheidung zwischen den Untergruppen a) und b) bringt die $F_3$-Generation.

         a) In $F_2$ Aufspaltung 1:2:1; Monomerie mit Unterscheidbarkeit der Heterozygoten von beiden Homozygoten;

         b) in $F_2$ Aufspaltung 9:3:4; Dimerie.

      3. In $F_2$ *vier* Phänotypen: Dimerie mit Aufspaltung 9:3:3:1.

   B. Das $F_1$-Merkmal steht mehr oder weniger *intermediär* zwischen den Merkmalen der $P$-Partner:

      1. In $F_2$ findet sich eine *Serie kontinuierlicher Übergänge* (evtl. daneben in geringer Zahl rezessive Homozygoten): Polymerie; Beweis durch Selektion zu erbringen;

      2. in $F_2$ *drei* Phänotypen: Monomerie mit Aufspaltung 1:2:1;

      3. in $F_2$ *mehr als drei* Phänotypen: Dimerie, Trimerie usw.

   C. Das $F_1$-Merkmal stimmt mit dem Merkmal des einen $P$-Kreuzungspartners vollständig (oder fast vollständig) überein: *Dominanz* bzw. *Epistase*.

von Kreuzungsergebnissen in $F_2$.

1. In $F_2$ nur *ein* Phänotypus: Di-, Tri- oder Polymerie, z. B. Aufspaltung 63:1, die rezessiven Homozygoten fehlen aber wegen zu kleiner Gesamtindividuenzahl.

2. In $F_2$ *zwei* Phänotypen,
   a) die etwa gleich stark vertreten sind: Dimerie mit Aufspaltung 9:7 (vgl. Anm. 1);
   b) von denen der eine doppelt so stark vertreten ist wie der andere: Aufspaltung 2:1; in dem Drittteil der $F_2$ finden sich
   $\alpha$) beide Geschlechter: autosomaler Letalfaktor;
   $\beta$) nur ein Geschlecht: geschlechtsgebundener Letalfaktor.
   c) von denen die eine etwa dreimal so stark vertreten ist wie die andere; die Entscheidung zwischen den Untergruppen bringt Rückkreuzung bzw. Weiterzucht bis $F_3$, evtl. $F_4$.
   $\alpha$) Verhältnis der beiden Klassen = 3:1
      $\alpha_1$) Monomerie,
      $\alpha_2$) starke Koppelung, die beiden Austauschklassen (z. B. in 1% Häufigkeit erwartet) fehlen wegen zu geringer Gesamtindividuenzahl (vgl. Anm. 2);
   $\beta$) Verhältnis der beiden Klassen = 13:3, Dimerie mit Epistase eines dominanten Faktors (vgl. Anm.3);
   d) die zahlenmäßig stark verschieden sind:
   $\alpha$) Dimerie mit Aufspaltung 15:1,
   $\beta$) Trimerie mit Aufspaltung 63:1.

3. In $F_2$ *drei* Phänotypen,
   a) von denen zwei Gruppen etwa gleichstark vertreten sind:
   $\alpha$) In $F_2$ tritt ein Kreuzungsnovum auf; beide dominante Eigenschaften finden sich nur beim *einen* P-Kreuzungspartner: Dimerie mit Aufspaltung 9:3:4;
   $\beta$) Zahlenverhältnis annähernd oder genau = 1:2:1; von den beiden dominanten Eigenschaften besitzt der eine der P-Partner *nur die eine*, der andere *nur die andere:* Koppelung zweier Gene mit Austausch (in wechselnden Prozentsätzen); eine vierte, individuenarme Phänotypengruppe fehlt, weil entweder die Gesamtindividuenzahl zu gering ist oder weil der Faktorenaustausch nur im einen Geschlecht stattfindet;
   b) die zahlenmäßig stark verschieden sind: Dimerie mit Aufspaltung 12:3:1.

4. In $F_2$ *vier* Phänotypen,
   a) von denen zwei Gruppen gleich stark vertreten sind:
   $\alpha$) Dimerie mit Aufspaltung 9:3:3:1;
   $\beta$) Koppelung zweier Gene mit Austausch (in wechselnden Prozentsätzen).
   b) Trimerie; hier ist der Besitz großer Individuenzahlen bzw. die Kenntnis eines Teils der Gene aus anderen Versuchen nötig.

5. In $F_2$ *fünf und mehr* Phänotypen: Dimerie, Trimerie usw.

die durch Spermien ohne $X$-Chromosom befruchtet werden, vermögen ihren Austauschcharakter zu manifestieren, während die gleichen weiblichen Gameten bei Befruchtung durch Spermien, die das $X$-Chromosom und in diesem die Gene $+^y$ und $+^w$ besitzen, grauflügelig-rotäugige Fliegen (und zwar Weibchen) liefern. In einem solchen Falle könnte man in $F_2$ also 200, 250, vielleicht 300 Fliegen züchten, ohne daß eine einzige Austauschfliege aufträte, und es könnte daraus — wie man sieht, fälschlicherweise — der Schluß gezogen werden, daß hier ein monomerer Erbgang eines Faktorenpaares vorliege, das die Flügelfarbe und die Augenfarbe zugleich beeinflußte, indem der dominante Faktor normale Flügelfarbe und normale Augenfarbe bedingte, während sein rezessives Allel gelbe Flügelfarbe und weiße Augenfarbe bedingte. Durch Rückkreuzung würde leichter entschieden werden können, ob es sich hier nur um ein Paar von Genen oder um zwei Paare sehr fest miteinander gekoppelter Gene handelt.

3. $C$ ist ein Farbfaktor, $W$ ein Weißfaktor, der epistatisch über $C$ ist, bei dessen Vorhandensein also $C$ sich nicht zu äußern vermag. Die Kreuzung farbig × weiß, die sich auf die Genotypen $CCww \times ccWW$ bezieht, kann mit einer monohybriden Spaltung nach dem Schema 3 : 1 verwechselt werden, da sie folgendermaßen verläuft:

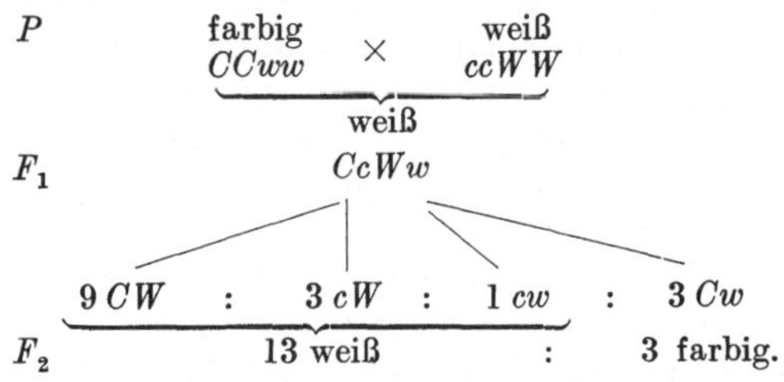

Übung 23.

**Faktoren-Austausch.**

*Material und Aufgabe.*

Folgende zwei Kreuzungsversuche sind mit *Drosophila* bis zur $F_2$-Generation durchzuführen:

*Drosophila-Versuch IX.* Gelbflügelig-weißäugiges ♀ × grauflügelig-rotäugiges ♂.

*Drosophila-Versuch X.* Weiß-rundäugiges ♀ × rot-Bandäugiges ♂.

*Auswertung.*

Versuch IX.

1. Entsprechend den Gesetzmäßigkeiten des geschlechtsgebunden-rezessiven Erbgangs der Gene $y$, $w$ und ihrer normalen Allele $+^y$ und $+^w$ (vgl. Übung 15 S. 84) sind die $F_1$-Weibchen unseres Versuchs doppelt-heterozygot, und zwar besitzen sie im einen $X$-Chromosom die beiden rezessiven Allele $y$ und $w$, im anderen ihre dominanten Partner $+^y$ und $+^w$. Die $F_1$-Männchen besitzen (vgl. S. 86) nur ein $X$-Chromosom und in diesem die rezessiven Gene $y$ und $w$. Ihre Kreuzung mit den $F_1$-Weibchen ist (vgl. S. 86, Schema, Abb. 49) einer Rückkreuzung eines doppelt-heterozygoten mit einem doppelt-homozygot-rezessiven Partner bei nicht-geschlechtsgebundenem Erbgang zu vergleichen.

2. Bei doppelter Heterozygotie unabhängiger Gene ist die Erwartung für die Nachkommenschaft einer solchen Rückkreuzung das Auftreten

von vier verschiedenen Phänotypen im Verhältnis $1:1:1:1$. In unserer $F_2$-Generation treten dagegen neben den Merkmalskombinationen grau-rot und gelb-weiß, wie sie sich in $P$ und $F_1$ finden, zwar ebenfalls die beiden neuen Merkmalskombinationen grau-weiß und gelb-rot auf, aber statt der Proportion $1:1:1:1$ gilt das Verhältnis $1:1$ nur für die beiden Merkmalsausgangsklassen untereinander und ebenso für die beiden Neukombinationsklassen untereinander, während die Häufigkeit der Neukombinationen an sich eine ganz wesentlich geringere ist als diejenige der Ausgangsklassen. Es finden sich von Neukombinationen nämlich nur etwa 1 bis 2 unter 100 $F_2$-Fliegen. Wir haben es nicht mit unabhängig vererbten, sondern mit gekoppelten Genen zu tun. Die Versuchsausgangsklassen sind Koppelungsklassen, die Neukombinationsklassen sind Austauschklassen. Der Austauschwert zwischen den beiden Genen $y$ und $w$ ist gering; er beträgt 1,5, d.h. 1,5 % der $F_2$-Tiere gehören einer der beiden Austauschklassen an.

3. Da das $F_1$-Männchen keine dominanten geschlechtsgebundenen Gene besitzt, die es seinen Nachkommen mitgeben könnte, so müssen sämtliche dominanten Gene, die sich bei den $F_2$-Tieren finden, von der Mutter stammen. Beim $F_1$-Weibchen müssen sich daher in einem Teil seiner Keimzellen Austauschvorgänge zwischen den beiden $X$-Chromosomen abgespielt haben, als deren Ergebnis statt der Chromosomen

$$\underline{+^y\ +^w} \quad \text{und} \quad \underline{y\,w}$$

die Chromosomen

$$\underline{+^y\ w} \quad \text{und} \quad \underline{y\,+^w}$$

in den betreffenden Keimzellen vorhanden sind.

4. Wenn wir die $X$-Chromosomen durch Striche darstellen, so können wir das $P$-Weibchen folgendermaßen schreiben:

$$\frac{\underline{y\,w}}{y\,w}$$

Ebenso können wir das $P$-Männchen unter Fortlassung des $Y$-Chromosoms schreiben:

$$\underline{+^y\ +^w}$$

Der gesamte Versuch läßt sich dann durch folgendes *chromosomale Schema* darstellen:

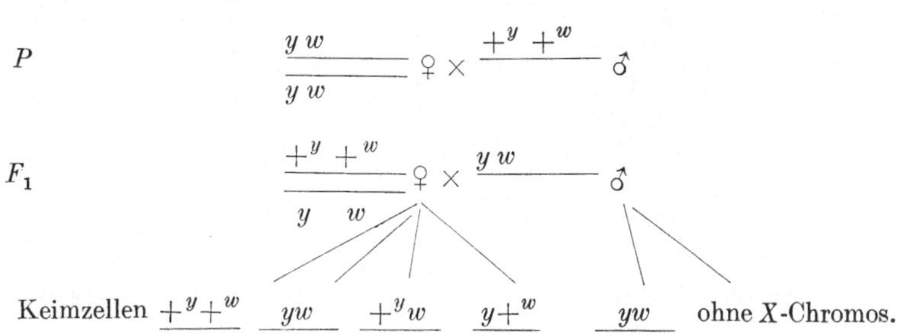

$$P \qquad \frac{\underline{y\,w}}{y\,w}\ ♀ \times \underline{+^y\ +^w}\ ♂$$

$$F_1 \qquad \frac{\underline{+^y\ +^w}}{y\quad w}\ ♀ \times \underline{y\,w}\ ♂$$

Keimzellen $\underline{+^y+^w}\quad \underline{y\,w}\quad \underline{+^y\,w}\quad \underline{y+^w}\qquad \underline{y\,w}$ ohne $X$-Chromos.

$$F_2 \begin{cases} \text{♀♀} \quad \dfrac{+^y\ +^w}{y\ \ \ w} \quad \dfrac{y\,w}{y\,w} \quad \dfrac{+^y\,w}{y\ \ \ w} \quad \dfrac{y+^w}{y\,w} \\[2em] \text{♂♂} \quad \dfrac{+^y\ +^w}{\phantom{x}} \quad \dfrac{y\,w}{\phantom{x}} \quad \dfrac{+^y\,w}{\phantom{x}} \quad \dfrac{y+^w}{\phantom{x}} \end{cases}$$

$$\underbrace{\text{grau-rot} \qquad \text{gelb-weiß}}_{\text{Koppelungsklassen}} \qquad \underbrace{\text{grau-weiß} \qquad \text{gelb-rot}}_{\text{Austauschklassen}}$$

Die im vorstehenden angewandte Schreibweise pflegt man dadurch noch weiter zu vereinfachen, daß man die z w e i Chromosom-Striche durch

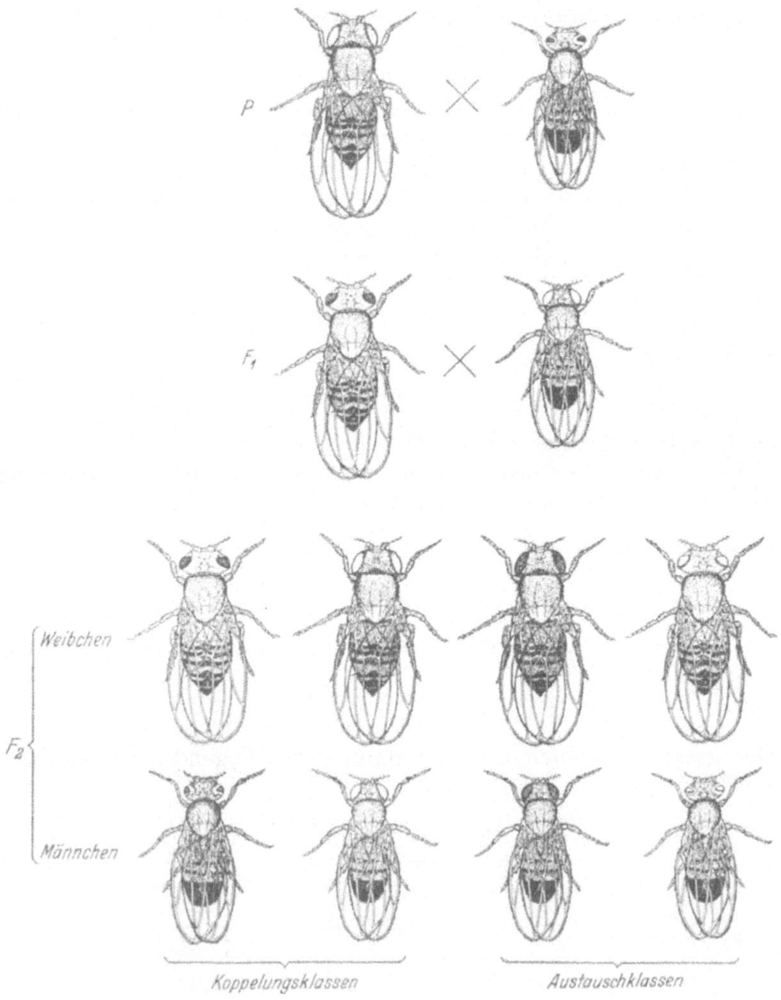



Abb. 55. Kreuzung eines weiß-rundäugigen *Drosophila*-Weibchens mit einem rot-Bandäugigen Männchen.

einen ersetzt. Man schreibt die $F_1$-Kreuzung dann also:

$$\frac{+^y \; +^w}{y \;\; w} \; \female \times yw \; \male \, .$$

Versuch X.

1. Der Erbgang (Abb. 55) entspricht im Prinzip dem in Versuch IX besprochenen. Erstens aber unterscheiden sich die schmalen Bandaugen der Männchen von den nierenförmigen Bandaugen der heterozygoten Weibchen (vgl. Abb. 42, S. 71), und zweitens ist die Zahl der Austauschfliegen wesentlich höher als in Versuch IX.

2. Letztere Tatsache führt zu dem Schluß, daß die Entfernung des Gens $B$ von dem Gen $w$ eine wesentlich größere ist als die Entfernung des Gens $y$ von $w$.

Tatsächlich liegt $y$ am Punkte 0,0 des $X$-Chromosoms, $w$ am Punkte 1,5, $B$ am Punkte 57,0.

3. Daß der von uns im Experiment gefundene Austauschwert kleiner ist als nach dieser Angabe für den Chromosomort von $B$ zu erwarten, liegt daran, daß zwischen $w$ und $B$ auch eine Reihe von Doppelaustauschen eintreten, die den Austauschprozentsatz herabsetzen.

Vorkommen und Häufigkeit solcher Doppelaustausche kann man nachweisen, wenn man Gene, die zwischen $w$ und $B$ liegen, ins Experiment einschließt, also z. B. einen „Dreipunkt-Versuch", etwa unter Benutzung der Gene weißäugig ($w$), queraderlos ($cv$) und Bandäugig ($B$), anstellt.

Übung 24.

### Herstellung erbreiner Stämme.

Material und Aufgabe.

*Drosophila-Versuch XI.* Aus zwei gegebenen reinen Stämmen von *Drosophila*, nämlich

1. *gelbflügelig,*
2. *weißäugig,*

ist ein neuer erbreiner Stamm *gelbflügelig-weißäugiger Tiere* herzustellen.

Bei Zeitmangel genügt es, diesen Versuch gedanklich durchzuführen; er läßt sich in abgeänderter Form auch mit Versuch IX (Übung 23) kombinieren.

Ausführung.

1. Durch Kreuzung eines gelbflügeligen mit einem weißäugigen Tier erhalten wir heterozygote Weibchen, die im einen $X$-Chromosom das Gen $y$, im anderen $X$-Chromosom das Gen $w$ bergen. Da durch Faktorenaustausch auch $X$-Chromosomen $\underline{y\,w}$ gebildet werden, so müssen in der $F_2$-Generation bereits gelbflügelig-weißäugige Männchen auftreten (s. im folgenden Schema unter C).

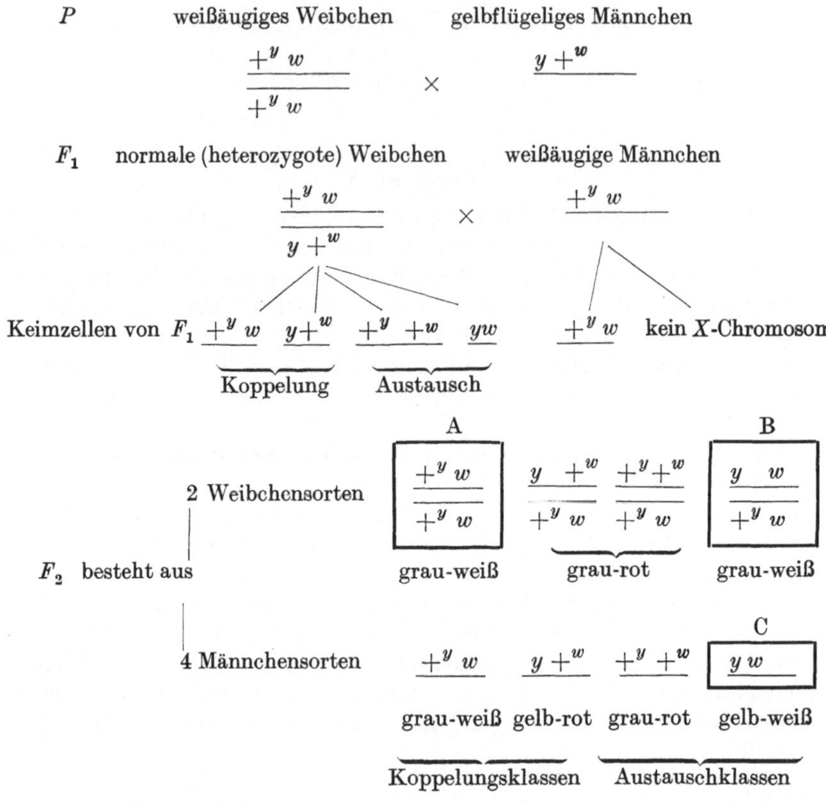



2. Da der Austausch zwischen den Genen $y$ und $w$ nur in geringem Prozentsatz (1,5%) auftritt, so müssen wir eine genügend große Zahl von $F_2$-Fliegen heranziehen, um unter ihnen die gewünschten gelbflügelig-weißäugigen Männchen zu erhalten.

3. Wenn wir, wie im Schema dargestellt, von einem weißäugigen Weibchen und einem gelbflügeligen Männchen ausgehen — die reziproke Kreuzung würde im Prinzip gleichartig, aber im einzelnen etwas anders verlaufen —, so erhalten wir in der $F_2$-Generation neben den vier Phänotypen von Männchen nur zwei Phänotypen von Weibchen, nämlich zur Hälfte grau-rote, zur Hälfte grau-weiße.

Von den grauflügelig-weißäugigen Weibchen sind die weitaus in der Mehrzahl befindlichen Tiere (im Schema mit A bezeichnet) homozygot für $w$, aber auch für $+^y$; nur eine kleine, dem Austauschprozentsatz entsprechende Anzahl grauflügelig-weißäugiger Weibchen (im Schema mit B bezeichnet) ist nicht nur für $w$ homozygot, sondern zugleich auch für $y$ heterozygot, besitzt also ein Austausch-Chromosom $yw$ .

Da wir indes diese beiden Sorten grau-weißer Weibchen phänisch nicht voneinander unterscheiden können, so müssen wir eine größere Zahl von Paarungen grau-weißer $F_2$-Weibchen mit gelb-weißen $F_2$-Männchen durchführen, um Aussicht zu haben, unter ihnen nicht nur

Paarungen von der Form A × C, sondern auch eine oder mehrere von der Form B × C zu haben. Die letzteren sind es, die in $F_3$ die gewünschten gelbflügelig-weißäugigen Tiere in beiden Geschlechtern und in genügend großer Anzahl, nämlich in 50% der $F_3$-Generation ergeben.

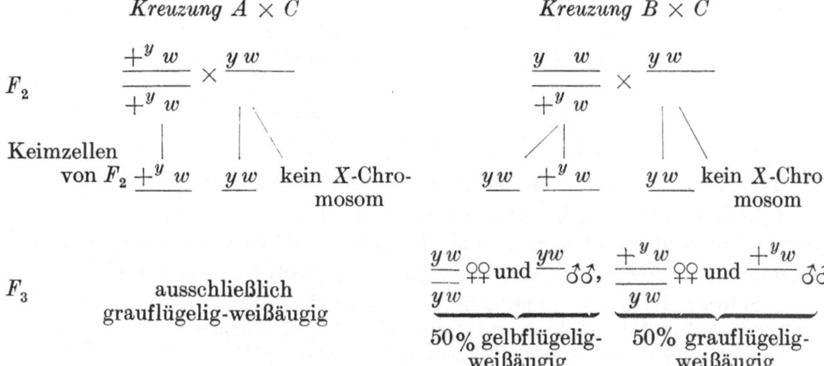

(Die in Versuch IX benutzten gelbflügelig-weißäugigen Tiere entstammen Reinkulturen, die auf einem solchen Wege wie vorstehend geschildert gewonnen wurden.)

4. Haben wir die Aufgabe, zwei nicht geschlechtsgebundene, sondern autosomale Gene, z. B. die Gene schwarzfarbig (*black*, *b*, II, 48,5) und stummelflügelig (*vestigial*, *vg*, II, 67,0) (vgl. S. 73) in einer Reinkultur schwarz-stummelflügeliger Tiere zu vereinen, so verläuft die Kreuzung insofern anders, als die neue Merkmalskombination erstmalig in $F_3$ auftritt und zwar in beiden Geschlechtern. In dem als Beispiel genannten Fall ist auch der Austauschsatz höher als in Versuch XI. Das folgende Schema stellt den Fall dar:

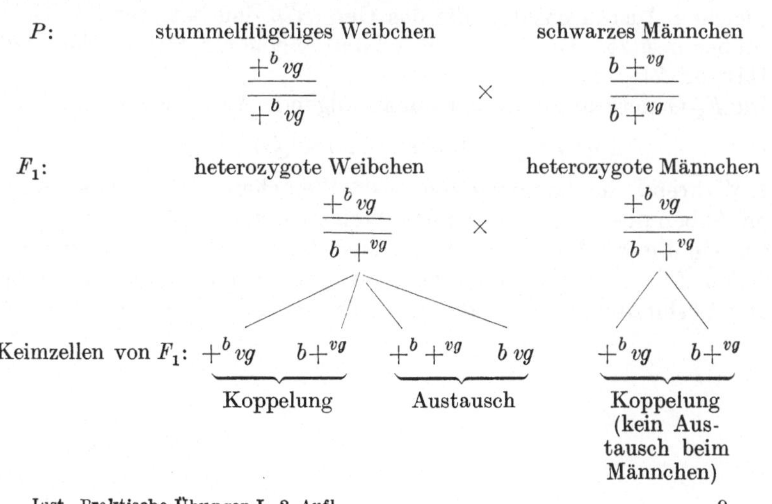

$F_2$ besteht sowohl im männlichen wie im weiblichen Geschlecht aus folgenden Genotypen und Phänotypen:

$$
\left.\begin{array}{l}
1.\\
2.
\end{array}\right\} +^b b +^{vg} vg
$$

$$3.\ +^b +^b +^{vg} vg$$
$$4.\ +^b b +^{vg} +^{vg}$$

$\left.\phantom{x}\right\}$ 50% normal,

$$5.\ +^b +^b vg\ vg$$
$$6.\ +^b b\ vg\ vg$$

$\left.\phantom{x}\right\}$ 25% grau-stummelflügelig

$$7.\ b\ b +^{vg} +^{vg}$$
$$8.\ b\ b +^{vg} vg$$

$\left.\phantom{x}\right\}$ 25% schwarz-langflügelig.

Von diesen $F_2$-Fliegen werden gekreuzt, sämtlich in Einzelpaarungen:

1. Grau-stummelflügelige untereinander; im Falle dabei $+^b b\, vg\ vg \times +^{bb} vg\, vg$ gekreuzt wird (die $+^b b$-Fliegen sind oft daran zu erkennen, daß sie dunkler als die normalen $+^b +^b$-Tiere sind), entstehen in $F_3$ 25% $b\, b\, vg\, vg$-Fliegen.

2. Schwarz-langflügelige untereinander; im Falle dabei $b\, b +^{vg} vg \times b\, b +^{vg} vg$ gekreuzt wird, entstehen in $F_3$ ebenfalls 25% $b\, b\, vg\, vg$-Fliegen.

3. Grau-stummelflügelige mit schwarz-langflügeligen, wobei im Falle der Kreuzung $+^b b\, vg\, vg \times b\, b +^{vg} vg$ ebenfalls 25% $b\, b\, vg\, vg$-Fliegen entstehen.

## Übung 25.

### Multiple Allelie.

*Material und Aufgabe.*

*Drosophila-Versuch XII.* **Die Kreuzung**
$$eosinäugig\ ♀ \times weißäugig\ ♂$$
**ist bis zur $F_2$-Generation durchzuführen.**

*Auswertung.*

1. Der normalen roten Augenfarbe gegenüber verhält sich *eosin* als rezessives geschlechtsgebundenes Gen. Im Austauschversuch ergibt es die gleichen Austauschsätze, die das Gen *weiß* den betreffenden Genen gegenüber besitzt. Die Gene $+^w$, $w^e$ und $w$ gehören also in eine Reihe multipler Allele.

Die $F_2$-Generation muß demgemäß folgende Aufspaltung ergeben:

$$1\ w^e\ w^e\ ♀♀ : 1\ w^e\ w\ ♀♀ : 1\ w^e ♂ : 1\ w ♂ .$$

2. Während die homozygoten $w^e w^e$-Weibchen **dunkelrosa** Augen haben, haben die heterozygoten $w^e w$-Weibchen die gleichen **rosagelben** Augen wie die $w^e$-Männchen. Die beiden Allele $w^e$ und $w$, die sich dem normalen Allel $+^w$ gegenüber **rezessiv** verhalten, ergeben in heterozygoter Verbindung miteinander einen **intermediären Typus**.

# Quellen- und Literatur-Nachweis.

### Hand- und Lehrbücher.

Babcock, E. B. u. R. E. Clausen: Genetics in relation to agriculture. 2. ed., New York 1927. — Babcock, E. B. u. J. L. Collins: Genetics laboratory manual. New York u. London 1918. — Bateson, W.: Mendels Vererbungstheorien. Übers. von A. Winckler. Leipzig u. Berlin 1914. — Baur, E., Einführung in die Vererbungslehre, 7.—11. Aufl. Berlin 1930. Grundlagen der Pflanzenzüchtung. 3.—5. Aufl. Berlin 1924. — Duncker, H.: Kurzgefaßte Vererbungslehre für Kleinvogelzüchter unter besonderer Berücksichtigung der Kanarienvögel und Wellensittiche. Leipzig 1929. — Elderton, P. u. E.: Primer of statistics. London 1927. — Goldschmidt, R.: Einführung in die Vererbungswissenschaft. 5. Aufl. Berlin 1928. — Handbuch der Vererbungswissenschaft, herausgeg. von Baur, E. u. M. Hartmann. 3 Bde. Berlin, seit 1927 erscheinend. — Hertwig, P.: Tabellen der Vererbungslehre. In: Tabulae Biologicae, Bd. IV. Berlin 1927. — Johannsen, W.: Elemente der exakten Erblichkeitslehre. 3. Aufl. Jena 1926. — Just, G.: Die Vererbung. 2. Aufl. Leipzig 1935. — King, W. I.: The elements of statistical method. New York 1924. — Kronacher, C.: Allgemeine Tierzucht. 2. Abt., 3. Aufl., Berlin 1924. Züchtungslehre. Berlin 1929. — Lang, A.: Die experimentelle Vererbungslehre in der Zoologie seit 1900. Bd. I. Jena 1914. — Morgan, T. H.: Die stoffliche Grundlage der Vererbung. Deutsche Ausgabe von H. Nachtsheim. Berlin 1921. — Methodik der wissenschaftlichen Biologie, herausgg. von T. Péterfi. Bd. II, 1928. (Darin die Abhandlungen von A. Hase, G. Just, H. Nachtsheim, F. Oehlkers, K. Pariser). — Methoden der Vererbungsforschung (von zahlreichen Forschern). Abt. 9, Teil 3 des Handbuchs Biol. Arbeitsmethoden, herausgeg. von E. Abderhalden. Berlin u. Wien 1923 f. — Philiptschenko, J.: Variabilität und Variation. Berlin 1927. — Plate, L.: Vererbungslehre. 2. Aufl., I., II. Bd. Jena 1932, 1933. — Pólya, G.: Wahrscheinlichkeitsrechnung, Fehlerausgleichung, Statistik. In: Handb. Biol. Arbeitsmeth., Lieferung 165. Berlin u. Wien 1925. — Riebesell, P.: Biometrik und Variationsstatistik. Ebenda. — Vernon, H. M.: Variation in animals and plants. London 1903. — Yule, G. U.: An introduction to the theory of statistics. 7. ed. London 1924.

### Abhandlungen.

Depdolla, Ph.: Vererbungslehre und naturwissenschaftlicher Unterricht. In: Vererbung und Erziehung, herausgeg. von G. Just. Berlin 1930. — Just, G.: Variabilität. In: Handwörterbuch der Naturwissenschaften. 2. Aufl., Bd. 10. 1934. Vererbung. Ebenda. — Lenz, F.: Methoden der menschlichen Erblichkeitsforschung. In: Hdb. hyg. Untersuchungsmethoden, herausgg. von E. Gotschlich, 3. Bd. Jena 1929. — Witschi, E.: Methoden der Vererbungsforschung. In: Abderhaldens Hdb., Lieferung 290. Berlin u. Wien 1929. — Woltereck, R.: Technik der Variations- und Erblichkeitsanalyse bei Crustaceen. Ebenda. —

### I.

Übung 1ff. Man ziehe vor allem W. Johannsen u. A. Lang zu Rate. — Das Feuerbohnenbeispiel behandelt auch Johannsen ausführlich. — Schublehren verschiedenster Ausführung liefert die Werdauer Meßwerkzeugfabrik Werdau i. Sa., Postfach 4. — Vgl. auch Saller, K.: Meßwerkzeuge zu makroskopischen Messungen an Kleintieren. Anat. Anz. 60, 1925—26. — Zur Meßtechnik vgl. Przibram, H.: Experimental-Zoologie, Bd. 7. Zootechniken. Leipzig und Wien 1930.

Übung 2. Das Beispiel Tab. 5 aus Chranowa, A.: Untersuchungen über die Variabilität von Palaemonetes varians Leach. Z. Morph. Ökol. 9, 1927.

Übung 3. Abb. 10 in Anlehnung an ein Schema von H. Poll.

Übung 4. Die Abb. 18, 19 u. 20 sind entnommen aus Herbst, W.: Variation, Mendelismus und Selektion in mathematischer Behandlung. Z. ind. Abst. u. Vererbl. 44, 1927, Scheidt, W.: Allgemeine Rassenkunde. München 1925, und R. Peter: Über die Corneagröße und ihre Vererbung. Gräfes Arch. Ophthalm. 115. 1925. — Vgl. ferner Just, G.: Begriff und Bedeutung des Zufalls im organischen Geschehen. Berlin 1925. — Lenz, F.: Über Asymmetrie von Variabilitätskurven, ihre Ursachen und ihre Messung. Arch. Rass. u. Ges. Biol. 16, 1925. — Pirani, M. u. M. Plaut: Veranschaulichung statistischer Gesetze am Galtonschen Brett. Unterr. Blätter Math. u. Naturwiss. 35, 1929.

Die an einem gewöhnlichen Galton-Brett gefundenen Verteilungskurven zeigen, wie W. Seitz u. K. Hamacher-Odenhausen (Untersuchungen über das Galtonbrett, Die Naturwiss. 22, 1934) mitgeteilt haben, stets eine zu große Streuung. „Jede Kugel erhält beim Auftreffen auf einen Nagel eine Rotation um eine zum Brett senkrechte Achse und eine horizontale Geschwindigkeitskomponente. Sie wird deshalb am nächsten Nagel eine Ablenkung im gleichen Sinne wie vorher bevorzugen." Die Verwendung von drei im Abstand von je 5,5 mm übereinander angeordneten Nägeln an Stelle eines Nagels ergab (mit Stahlkugeln von 9,5 mm Durchmesser) Verteilungskurven, die der Gaußschen Formel entsprechen. Denn „nach jedem Aufprall auf den obersten Nagel eines solchen Triplets verliert die Kugel in dem Kanal, den die benachbarten Triplets bilden, die störende Dreh- und Translationskomponente".

Übung 5. Mehlmotten und Mehlmotten-Schlupfwespen können vom Laboratorium für physiol. Zoologie (Leiter: Prof. Dr. A. Hase) an der Biolog. Reichsanstalt in Berlin-Dahlem bezogen werden. — Hase, A.: Biologie der Schlupfwespe Habrobracon brevicornis, Arbeiten aus der Biol. Reichsanstalt, 11, 1922. — Hase, A.: Das Halten und Züchten zoologischer Untersuchungsobjekte. Insekten. In: Methodik der wiss. Biol. (s. Handbücher). — Kühn, A.: Die Pigmentierung von Habrobracon juglandis Ashmed, ihre Prädetermination und ihre Vererbung durch Gene und Plasmon. Sitz.-Ber. Ges. Wiss. Göttingen, mathem.-physik. Klasse 1927. — Schlottke, E.: Über die Variabilität der schwarzen Pigmentierung und ihre Beeinflußbarkeit durch Temperaturen bei Habrobracon juglandis Ashmed. Z. vgl. Physiol. 3, 1926.

Übung 6. Material vgl. Übung 11. — Bridges, C. B. u. T. H. Morgan: The second-chromosome group of mutant characters. In: Carnegie Inst. Washington 278 (1919). — Riedel, H.: Der Einfluß der Entwicklungstemperatur auf Flügel- und Tibialänge von Drosophila melanogaster (wild, vestigial und die reziproken Kreuzungen). Roux' Arch. 132, 1934. (Darin weitere Literatur.) — Timoféeff-Ressovsky, N. W.: Verknüpfung von Gen und Außenmerkmal (Phänomenologie der Gen-Manifestierung). In: Erbbiologie, 11 Vorträge herausgeg. von W. Kolle, Leipzig 1935. — Verschuer, O. v.: Erbpathologie. Dresden u. Leipzig 1934.

Übung 7. Die den Abb. 27 u. 30 zugrunde liegenden Daten stammen aus Garms, H.: Merkmalsstatistische Untersuchungen als Grundlage für die Behandlung phylogenetischer und rassenbiologischer Themen im Unterricht. In: Duncker-Lange: Neue Ziele und Wege des Biologieunterrichts. Frankfurt a. M. 1934 und F. Ludwig: Weiteres über Fibonacci-Kurven. Biol. Ztr. 68, 1896. Abb. 31 aus Lübbert, H., in: Berichte Wiss. Komm. f. Meeresforschung 1. Berlin 1925. — Vgl. im übrigen Vogler, P.: Neue variationsstatistische Untersuchungen an Compositen. In: Jb. St. Gallischen Naturwiss. Ges. 1910. — Vogler, P.: Probleme und Resultate variationsstatistischer Untersuchungen an Blüten und Blütenständen. Ebenda. — de Vries, H.: Die Mutationstheorie I. Leipzig 1901.

Übung 8. Vgl. bei Übung 1.

Übung 9 u. 10. Abb. 35 aus Lietzmann, W.: Über die Beurteilung der Leistungen in der Schule. Leipzig 1927. — Vgl. im übrigen Duncker, G.: Variation und Asymmetrie bei Pleuronectes flesus L., Wiss. Meeresunters. Abt. Helgoland. Bd. 3, 1900. — Kuhl, W.: Die Variabilität der abdominalen Körperanhänge von Forficula auricularia L. usw., Z. Morph. Ökol. 12, 1928. — Kuhl, W.: Zum Problem der Zweigipfeligkeit der Variationspolygone für die Länge der männlichen Cerci von Forficula auricularia L. Biol. Zbl. 53, 1933. — LENZ, F.: Bemerkungen zur Variationsstatistik und Korrelationsrechnung und einige Vorschläge. Arch. f. Rass. Ges. Biol. 1924. — LUTZ, F. E.: The variation and correlations of certain taxonomic characters of Gryllus. Carn. Inst. of Washington Nr. 101, 1908. — NACHTSHEIM, H.: Untersuchungen über Variation und Vererbung des Gesäuges beim Schwein. Z. Tierzüchtung 2, 1924. — SCHNAKENBECK, W.: Zum Rassenproblem bei den Fischen. Z. Morph. Ökol. 21, 1931. — TIMOFÉEFF-RESSOVSKY u. S. R. ZARAPKIN: Zur Analyse der Formvariationen. Biolog. Zbl. 52. 1932.

## II.

Übung 11, 12 u. 13. Lebendes Drosophila-Material gibt ab der Verfasser dieses Buches, ferner Dr. N. W. TIMOFÉEFF-RESSOVSKY, Berlin-Buch, Genetische Abt. d. Kaiser Wilhelm-Instituts für Hirnforschung, und Studienrat SIEVERT, Berlin-Dahlem, Haderslebener Str. 23. — Zuchtflaschen wie in Abb. 45 (aus C. STERN: Die Bedeutung von Drosophila melanogaster für die genetische Forschung. Der Züchter I, 1929) dargestellt, kosten bei den Vereinigten Laborbedarfs- und Glaslieferungs-G. m. b. H. Berlin SO 36, Lausitzer Str. 10, z. Zt. 25,— RM pro 100 Stck. Größe 250 g, 17,— RM pro 100 Stck. Größe 100—125 g, beide Male mit 20% Ermäßigung. — Über Technik vgl. weiterhin BRIDGES, C. B.: Apparatus and methods for Drosophila culture, Am. Natur. 66, 1932. — DECKART, M.: Zur Technik der Vererbungsversuche mit Drosophila. Unterrichtsbl. Math. u. Naturw. 39, 1933. — MORGAN, T. H., STURTEVANT, A. H., MULLER, H. J. und C. B. BRIDGES: Laboratory directions for an elementary course in genetics. New York 1923. — MORGAN, STURTEVANT, MULLER und BRIDGES: The mechanismn of Mendelian heredity. New York 1915. — PEARL, R., ALLEN, A. und W. B. D. PENNIMAN: Culture media for Drosophila, II., Am. Naturalist, 60, 1926. — TIMOFÉEFF-RESSOVSKY, N. W.: Drosophila im Schulversuch. Der Biologe III, 1934. — Die Biologie von Drosophila wird behandelt von STURTEVANT, A. H.: The North American species of Drosophila. Carn. Inst. of Washington, 301, 1921, die Genetik von MORGAN, T. H., BRIDGES, C. B. und A. H. STURTEVANT: The genetics of Drosophila, in: Bibliographia Genetica II (auch gesondert erschienen 's-Gravenhage 1925) und MORGAN-NACHTSHEIM (s. Lehrbücher). Die spezielle Genetik von Drosophila, nach Chromosomen geordnet, ist ganz ausführlich dargestellt bei MORGAN, T. H. und C. B. BRIDGES: Sex-linked inheritance in Drosophila, Carnegie Inst. Publ. 237, 1916. — BRIDGES, C. B. und T. H. MORGAN: The second-chromosome group of mutant characters, Carnegie Inst. Washington, 278, 1919. — BRIDGES, C. B. und T. H. MORGAN: The third-chromosom group of mutant characters of Drosophila melanogaster. Carnegie Inst. Washington, 327, 1923.

Übung 14. Der Versuch stammt von CORRENS; alle Angaben zu dieser Übung hat der inzwischen verstorbene Gelehrte s. Zt. freundlich zur Verfügung gestellt. Vgl. C. CORRENS: Die neue Vererbungsgesetze. Berlin 1912 (Neudruck Berlin 1926), und CORRENS, C.: Zur Kenntnis einfacher mendelnder Bastarde, Sitzungsber. Preuß. Akad. der Wiss., phys.-math. Klasse 1918.

Für weitere Mendelversuche an Pflanzen findet man Angaben bei LEHMANN, E. und W. MAIER: Vererbungsversuche an Pflanzen in der Schule. Der Biologe, III, 1934. — Vgl. auch SPILGER, L.: Vererbungslehre und Rassenhygiene im biol. Unterricht der höh. Schule. Arch. Rass. Ges. Biol. 19, 1927. — Auf den Mais weisen hin SCHÄFFER, C. und H. EDDELBÜTTEL: Biolog. Arbeitsbuch, 2. Aufl., Leipzig u. Berlin 1933, ausführlich BRIEGER, F.: Die Bedeutung des Maises als Demonstrations- und Versuchsmaterial für Vererbungskurse. Der Züchter, V, 1933.

Pflanzliches Material ist erhältlich bei der Geschäftsstelle des Deutschen Biologenverbandes, Tübingen, Wilhelmstr. 5, Dr. W. MAIER, blauer Stärke- und Zuckermais bei Prof. Dr. SCHÄFFER, Groß-Hansdorf, Post Ahrensdorf, Maiskolben zum Auszählen verschiedener monohybrider und dihybrider, auch tri- und tetrahybrider Aufspaltungen bei George S. Carter, Clinton, Conn., U. S. A., käuflich.

Übung 15. Vgl. bei Übung 11.

Übung 16. Der Versuch ist abgeändert aus STEMPELL u. KOCH: Elemente der Tierphysiologie, Jena 1916, entnommen.

Übung 17. Die Drosophila-Daten Tab. 13 u. 16 u. Abb. 51 aus JUST, G.:

Der Nachweis von Mendel-Zahlen bei Formen mit niedriger Nachkommenzahl II, Arch.Entw. Mech. 105, 1925, und JUST, G.: Untersuchungen über Faktorenaustausch II, Z. ind. Abst. Vererbl. 44, 1927. — Die Tabelle ELDERTONS ist verkürzt entnommen aus dem großen Tabellenwerk von PEARSON, K.: Tables for statisticians and biometricians, 2. Aufl. London 1924.

Übung 18. Abb. 52 aus NACHTSHEIM, H.: Haltung und Züchtung von Säugetieren zu wissenschaftlichen Versuchszwecken, in: Methodik der wiss. Biologie, herausg. von PÉTERFI, II. Berlin 1928.— Die Genetik derMäuse ist zusammenfassend dargestellt in: CUÉNOT, L.: Génétique des souris, in: Bibliographia Genetica IV 1928 (auch gesondert 's-Gravenhage 1928).

Übung 19. Vgl. Übung 11.

Übung 20. Vgl. BAUR, E.: Untersuchungen über das Wesen, die Entstehung und die Vererbung von Rassenunterschieden bei Antirrhinum majus, Bibl. Genetica, Bd. 4. Leipzig 1924; ferner KUCKUCK, H. und R. SCHICK: Die Erbfaktoren bei Antirrhinum majus und ihre Bezeichnung, Z. ind. Abst. Vererbl. 56, 1930.

Übung 21. Die Kreuzungsergebnisse, die dieser Übung zugrunde liegen, stammen von DURHAM (1908) und sind entnommen aus A. LANG (s. u. Lehrbüch.).

Übung 22. Die Kreuzungsdaten dieser Übung sind TOYAMA, K.: Studies on the hybridology of insects, Bull. of the College of Agriculture, VII, Tokyo 1906, entnommen.

Die im Anhang zu dieser Übung gegebene tabellarische Übersicht ist, hier etwas erweitert, aus G. JUST: Methoden der Vererbungslehre, in: Methodik wiss. Biol. (s. u. Handb.) II, entnommen.

Übung 23—25. Vgl. bei Übung 11.

# Sachverzeichnis.